儿童情绪与性格培养

如何克服害羞的坏毛病

霁色◎编著

中国华侨出版社

图书在版编目（CIP）数据

儿童情绪与性格培养：如何克服害羞的坏毛病 / 雾色编著. —北京：中国华侨出版社，2017. 8

ISBN 978-7-5113-6943-7

Ⅰ. ①儿… Ⅱ. ①雾… Ⅲ. ①儿童—情绪—自我控制—能力培养—通俗读物②儿童—性格—培养—通俗读物 Ⅳ. ①B842. 6-49②B844. 1-49

中国版本图书馆 CIP 数据核字（2017）第 147379 号

儿童情绪与性格培养：如何克服害羞的坏毛病

编　　著／雾　色
策划编辑／周耿茜
责任编辑／胡可嘉
责任校对／高晓华
封面设计／胡椒设计
经　　销／新华书店
开　　本／710 毫米 × 1000 毫米　1/16　印张 /14　字数 /191 千字
印　　刷／天津旭非印刷有限公司
版　　次／2017 年 8 月第 1 版　2021 年 1 月第 7 次印刷
书　　号／ISBN 978-7-5113-6943-7
定　　价／32. 80 元

中国华侨出版社　北京市朝阳区西坝河东里 77 号楼底商 5 号　邮编：100028
法律顾问：陈鹰律师事务所
编辑部：（010）64443056　64443979
发行部：（010）64443051　传真：（010）64439708
网　址：www. oveaschin. com
E - mail：oveaschin@ sina. com

前言

学会管理情绪，影响孩子的一生

在过去，我们欣赏那些高智商的聪明孩子，而现在的社会则流行另一句话，那就是“情商比智商更加重要”。根据科学研究，一个人成功与否与他的智商有关，但智商在其中所占的比重只有20%，而另外的80%则取决于情商。情商高的孩子，大多积极向上、乐观开朗。

我们的孩子最初几乎都很会展示自己的情绪，开心时就会笑，不高兴了就会哭；而伴随着他们逐渐长大，进入学校后，语言表达的能力也会逐步提升，对情绪的认识更是会越来越深刻，此时他们就会通过各种方式来表达自己的情绪。但你会发现，这时孩子的情绪你开始有点儿看不懂了，他们的性格你好像也没那么了解了。

比如，有些孩子逐渐成长，却会变得越来越腼腆、内向，一些家长为此感到很着急：为什么我的孩子不再开朗大方，而是变得容易胆怯羞涩呢？其实，这就是孩子的一种情绪和性格的体现，而这种性格的养成是多方面的，是逐渐演变而成的。

如果我们想避免孩子出现这种不良性格，想让孩子能更好地管理自己的情绪、提高情商，就必须要帮助他们学会控制情绪。可以这么说：

教孩子学会控制情绪，将使他们受益终身。

对小孩子而言，他们的自我控制能力还不够强，在关键时刻往往无法做到很好地控制情绪，所以，他们表达感情的方式经常显得特别“极端”，比如在面对陌生人的时候腼腆到让人觉得“扭捏”，常常出现愤怒或哭闹的表现等。有时，孩子们还会采取大人眼中不太恰当的方式去发泄情绪，比如生气了就摔打东西、受委屈或者不开心却从来不说、害怕的时候就直接躲在家长身后……这些行为上的表现，也跟情绪控制大有关系。

当你的孩子逐渐长大、开始接触复杂的外界环境时，请一定要学会及时关注他们的情绪和性格培养。怎样培养出一个阳光下全面成长的健康少儿呢？我们可以循序渐进地进行。

首先，要教会孩子表达情绪。只有孩子愿意主动跟家长交流自己的想法、说出自己的情绪，我们才能进行下一步的教育，比如教导他们用正确的方式去发泄和处理自己的负面情绪、让他们学会用积极的态度去看问题、培养健康向上的性格等。表达情绪，首先基于对自身情绪的了解。因此在这本书中，我们将先帮助家长教导孩子体会、表达情绪，学会与家人沟通，只有这样才能逐渐让他们学会控制情绪、培养性格。

要知道，如果你的孩子不能将自己的想法正确传达出来，你就很有可能无法跟孩子进行顺畅的沟通，比如在沟通过程中“会错意”，导致教育无法顺利地进行。比如孩子虽然腼腆但并不胆小，而父母却一味教导孩子勇敢，这就不能真正改变孩子性格上的“腼腆”问题，因为双方对性格的认识存在差异。还有就是孩子明明是太兴奋了，父母却以为他们在随便发脾气，即便你再怎么教育他们不能随便发火，孩子也无法了解你的意思——他们可不认为自己在发火！所以，正确的情绪传达很重要。

其次，本书第二部分则着力讲述如何帮助孩子排解负面情绪、塑造积极的正面情绪。我们的情绪不仅需要表达，还需要有一个发泄和解决的出口。如果说孩子学会向父母倾诉是我们教育的第一步，那第二步就是要孩子从情绪的大海中走出来，帮助孩子正确排解那些不良情绪，这也是培养孩子情绪性格的重要过程，而这一过程更需要父母对孩子的耐心引导与呵护。很多家长都喜欢说："孩子越大越爱发脾气，搞得我都不愿意教育他了，非要打他几下才会记住！"这其实就是不正确的引导。越是这种情况，越应该尽可能地去跟孩子交流沟通，然后用正确的方式教导孩子。如果家长直接省下沟通这一过程，采用不恰当的方式应对，孩子就更学不会正确的情绪疏导方式了。我们要做的是引导，而引导需要正确的态度及方式。

等到家长能够做到以上这些，便进入了本书的第三部分——控制情绪、塑造性格。孩子的个性塑造来源于多个方面，在学会控制情绪的基础上，我们还可以从社会交往、家庭教育、自身培养等很多方面入手，帮助孩子培养良好的个性。如果孩子能够学会控制情绪，他们往往都会表现得比较沉稳，性格较为积极，因为他们不容易受到情绪的影响作出激烈反应，也能够很快从负面情绪中走出来，从而变得积极起来。所以，在性格培养的过程中，控制情绪也是很重要的。做到这一点，我们再去培养孩子的性格，将会事半功倍。

最后，通过对孩子性格的全方位引导，家长可以真正发挥"教育者"的作用，成为孩子成长路上的引路人，帮助他们塑造良好个性、培养健康心理，使他们积极而健康地成长。

目录

Contents

第一章　拒绝腼腆害羞，让孩子鼓起勇气

第二章　打开孩子的心门，让他体会和控制情绪

第三章　让孩子走出情绪世界的“阴雨天”

第四章　培养孩子良好性格，害羞腼腆一扫光

第五章　塑造性格，先让孩子学会表达交流

第六章　在交往中发展性格，你的孩子将更开朗

第七章　让孩子学会主动伸出“友谊之手”

第一章 拒绝腼腆害羞，让孩子鼓起勇气

“孩子，你到底怎么了”
——了解你的孩子心里在想什么

“我的孩子总是特别胆小，遇见熟人都不知道主动打招呼，真不知道这孩子在害怕什么。”有位家长曾经这样抱怨，当她发现自己无论如何也搞不清楚孩子的想法时，就把这一切归咎于“教育一个孩子实在太难了”。

其实，教育一个孩子也许不像我们想象的那么难，这前提必须是我们能够了解孩子们到底在想什么。许多家长虽然身处“父母”的角色中，但没有真正参透“父母”的真谛。他们总认为自己是孩子的亲人，自然而然地就能够了解孩子内心的想法，就能够用自己的方式去解读孩子的行为和思维。所以，一旦孩子出现让自己不满意的行为时，他们第一个想到的就是训责，是让孩子改正，却不愿意了解孩子为什么做出这样的事。

要记住，每个孩子都是独立的个体，当他们离开母亲身体的那一刻，就开始拥有自己的个性人生。我们要教育孩子，首先应该做到的是“了解”，了解他们在想什么，才能去谈论教育。

【案例一】

鸣鸣是个乖巧懂事的好孩子，从小就比其他小朋友更让家长省心，但却有一个让父母发愁的问题——这孩子太腼腆了。遇到不熟悉的亲戚朋友，甚至连打招呼都不肯，总在第一时间躲在家人的背后。总要父母哄上半天，呜呜才肯声如蚊子似的问声好，这让父母觉得孩子很没礼貌。有时候他们逼着呜呜打招呼，这孩子就回头死死抓着妈妈的手，甚至好几次差点急出眼泪来。

“呜呜一点都不大方，千万别是有交往障碍吧？是不是我们的教育有问题？”呜呜妈担心地表示。呜呜的父母实在忍不住，他们带着呜呜去咨询了心理医生。医生很有经验，他先跟呜呜混熟了，然后问了他一些话，很快就找到了原因——

原来，呜呜曾经有一次打招呼叫错了人，对方逗了呜呜几句，周围的大人也都笑了。这在家长眼中不算什么，但呜呜却觉得是被取笑了，所以他对打招呼很谨慎，只要父母不告诉自己应该怎么称呼对方，他就绝对不主动开口。

“孩子只是怕被笑话，并不是有心理问题。”医生说，“你们应该搞清楚孩子到底为什么这么做，再去想着帮他改正，而不是自以为是地要求孩子去做。”

很多家长都与呜呜妈一样，秉持着一贯的大家长作风，以为持着父母这把“尚方宝剑”，就可以成为明辨孩子情绪世界的青天大老爷了。事实上，“孩子是我生的，我能不了解他吗？”这样的想法早就成为过去时了，身为父母的我们应该明白，孩子的情绪和想法并不比大人少。很多时候，他们那些五花八门的奇思怪想都会影响自己的行为，而家长是绝对想不到孩子为何会做出这些事的。

此时，我们就得去真正了解孩子的想法。当你发现他过于腼腆时，也许他只是因为害怕被“取笑”而变得小心了；当你看到孩子总是很暴躁，也许是因为他有些话想表达却表达不出来；当你总觉得孩子想法古怪，也许只是你没跟他拥有一样的“脑回路”……

不要随便评判孩子，更不要随便制订“改造计划”。只有你真正理解了孩子，才能学会教育他们。想要改变孩子的腼腆习惯、塑造良好情绪性格也是一样，了解是第一步。

也许你会信誓旦旦地说：“我当然了解我的孩子，我很重视这一方面。”然而，很多家长自己以为的了解，其实都是在错误地解读孩子的内心，说不定你的孩子还认为你不理解他呢！为什么会出现这样的“怪圈”？我们来看看下一个案例。

【案例二】

李妈妈是小学教师，自认在教育上拥有丰富的经验，对自己儿子的教育也很上心。在孩子还小时，李妈妈就给他规划了成长目标，并且严格按照科学的方式教育自己的孩子。

看着儿子一点点长成自己想象中的样子，李妈妈感到自豪又骄傲，她也坚信自己是最了解儿子的人。所以，每当儿子在生活、成长中表现出不太符合期待的情况时，李妈妈的第一反应就是“说教”。

她认为自己是了解孩子想法的，所以每当看到孩子的行为，就自动根据多年接触孩子的经验来判断：孩子早上起迟了，肯定是想赖床；周末学习的时候频频走神，应该就是想出去玩了；突然有几天不爱说话，可能是在学校遇到了什么困难……每当这时候，她总是要反复跟孩子沟通，强调她想让孩子怎样做。

过去儿子总能做到很好，可他上了小学后，随着年龄增长，李妈妈觉得孩子听取自己意见的次数越来越少了。同样一番教导，他总不能按照自己的要求去做，这让李妈妈觉得他“不认真”“糊弄家长”“越学越懒”，母子之间的矛盾越来越多。

直到有一天，儿子突然爆发了：“你根本不了解我到底在想什么，你凭什么这么说我！”李妈妈这才发现，原来自己一直以为跟儿子“无话不谈”，只是作为母亲单方面的认识，在孩子眼里，她一直不理解自己。

其实，哪怕是父母跟孩子之间，谈论“理解”这个话题也是很难的。我们总说要了解孩子，但了解不仅仅等于“沟通”，更多的是“倾听”。很多家长觉得自己经常跟孩子沟通，但大多数时候，我们都是在抱着自己的想法去给孩子灌输道理，还没对孩子的情况真正进行了解，就开始反复强调孩子行为的“不当之处”并提供解决办法了。事实上，这不叫“沟通”，这只是单方面的说教而已。

真正能了解孩子的沟通方式是侧重于“倾听”，倾听孩子的想法，你才能说了解了孩子。

即使是身为父母，我们也不能说自己就真正明白孩子在想什么。一个人想要钻研本专业的知识，还要用十几年甚至一生的时间，你又怎么敢说自己能完全了解一个人——这种全世界最复杂的个体呢？所以，不要因为有着身为父母的天然优势，就忽略孩子的想法，如果你不去了解他们，就很容易因为误解而对孩子的性格塑造、情绪培养方面做出错误的应对。

正确的培养方法：学会倾听，真正了解你的孩子

身为父母，我们具备了解孩子的巨大优势，也具备最大的劣势：当你要了解孩子的意识时，你是最容易靠近他的；同样，父母的身份总让我们自认为了解孩子，这种无缘由的自信反而很容易让我们忽略孩子的想法，压根想不到“了解”二字。

所以，在了解孩子的过程中，我们更需要有感受、倾听对方的意

识。父母应该是倾听者，明白了这一点，我们才能去主动了解孩子想要什么、在追求什么、为什么开心或悲伤，基于此才能进行下一步的教育。

要做到这一点，我们应该从下面几个角度入手：

角度一：批评孩子的时候要谨慎

在决定批评孩子之前，请允许我问你们一个问题：你真的知道孩子为什么会犯错吗？他们当时在想什么才会做出那样的事情呢？

对很多家长来说，“哪有什么为什么，做错了就得揍”大概是唯一的想法，还有的家长则认为，追根究底弄清楚孩子每个行为到底基于什么，是儿童教育家的工作，而身为家长只要约束他们的行为就足够了。

事实并非如此。要了解我们的孩子，想让他们跟父母交流内心的想法，就一定不能摆出攻击的态度，更不能不理会他们的倾诉。千万不要过早地根据经验来判断孩子是否“错了”，至少要等孩子将情况描述完，告诉你他的想法之后，再决定如何教导他们。而我们的教导方法，更应该倾向于教孩子解决问题，绝不是单纯的批评。

角度二：创造了解孩子的机会

很多时候，家长们总是秉持着“了解孩子”的目的，却去做控制孩子的事情，将好好的沟通变成一种单方面的教育。

“来，让我们谈谈吧!”当你不自觉地用这样的祈使句来招呼你的孩子，以这样的话来开始一场交谈时，往往难以听到孩子的真心话。对孩子而言，这样的话带有两个暗示：父母有话要告诉你；你又做错了什么事情。前者会让孩子失去表达的欲望，后者则会让他们不自觉地产生紧张感和抗拒感。

一个能使自己真正了解孩子的交谈与沟通，应该在放松的环境下进行，比如一起游玩回来的路上、在家看电视或吃饭的时候，这些时候，孩子往往兴致勃勃、充满表达的欲望，我们也就能更好地做一个倾听者。

角度三：不要用你的负面情绪去影响孩子

在孩子跟我们表达情绪、表达内心感受的时候，家长应该多给予积极的影响，一切以让孩子感到愉悦和放松为基础，这样他们才会乐于主动进行下一次谈话。

这个过程中，我们可能会产生一些负面情绪——比如孩子告诉你他因为考试成绩不佳而难过，我们也会因为这个坏消息而情绪低落，这是很正常的。但一定要注意，千万不要将这种负面情绪表现出来，更不要让它影响到你的孩子，让你的孩子因此产生更大的压力。

有些家长在孩子倾诉的过程中，往往会变得比孩子更加焦躁、愤怒，甚至将这种态度转嫁到孩子身上，这就容易让孩子产生恐惧和抗拒，下一次不再愿意真正向你倾诉内心。我们只有用积极的态度去化解，让孩子感受到愉悦，他们才能始终敞开心扉。

角度四：尊重孩子的隐私

即使是一个和父母亲密无间的孩子，一样会有属于自己的小心思，这是他们的秘密。伴随着孩子的成长，这种隐私空间会越来越大，而在有些父母眼中，这就是孩子“远离自己”的表现。

这种“疏离感”会让他们恐惧，为了减轻恐惧，他们开始更强硬地控制孩子的空间。之所以会有看孩子日记、翻查孩子私人物品的行为，正是源于父母的这种恐惧心态。而我们要做的就是避免这样，尊重孩子必要的隐私，并不代表我们就失去了与他们沟通、交心的机会。相反，当你给予他们足够的私人空间，他们反而更愿意将自己的事情与你分享。

“你自己去试试吧”
——学会放手，让孩子自己去尝试

幼年期的孩子很多都表现得腼腆害羞，当他们看到陌生的小朋友时，也许第一反应并不是欢快地凑上去一起玩耍，而是拽住妈妈的衣角，说一句：“妈妈，我不敢！”

“孩子太乖了，真没办法。”有些家长将这归结于孩子“懂事乖巧”，所以不那么爱玩爱闹，然而事实并非如此。如果我们放任孩子将父母当作遮挡阳光的大树，他们就只能变成长不大的幼苗，越来越腼腆害羞、越来越容易远离群体。

要让孩子学会走入人群，就得让他们学会勇敢。一个勇敢的孩子会因为一点小事害羞吗？一个勇敢的孩子会因为陌生的环境而感到焦虑吗？不！勇气是孩子成长过程中必需的养分，只有在勇气的灌溉下，他们才能健康阳光地成长。

要他们拥抱勇敢、远离害羞，作为父母的我们需要做的第一个动作就是“放手”。身为父母，我们总想将世界上最好的东西给予自己的孩子，想成为保护孩子的“Superman”，一辈子为他们遮风挡雨、为他们保驾护航。但是这也会让我们忘记，孩子总有一天要离开自己，而我们越是保护他们，他们就越容易缩进保护自己的“壳”中，越没有勇气面对成长。

【案例一】

6岁的泉泉快上小学了，对孩子小学的选择，爸爸妈妈出现了分歧。

“我建议让孩子直接升入幼儿园所在的小学，在熟悉的环境中更容易适应。”妈妈这样说。

“可是我们能给泉泉选择一个更好的小学，不管从教学师资还是周边环境来说都更好，以后离家也更近，为什么不这样做呢？”爸爸却很反对。

泉泉妈妈解释道：“你又不是不知道咱们孩子多害羞内向，当初上幼儿园的时候她还小，情况不那么严重，就这样还足足哭了半学期才学会适应。现在好不容易认识了几个朋友，要是去了新的环境，孩子不就又得重新适应了？还不如让她跟熟悉的人玩呢！”

没错，泉泉的确是个特别腼腆的孩子，从来不主动跟别人玩，她的朋友不是邻居小朋友，就是妈妈介绍的同事女儿，能在幼儿园认识几个朋友，还得有赖于她们认识了三年呢！要是进入一个陌生环境，泉泉肯定又得适应好久，妈妈舍不得让她这样难受。

“唉，你就惯着她吧！难道孩子们还能在一起上一辈子学吗？早晚都是要分开的，以后可怎么办？”面对爸爸的这个疑问，泉泉妈妈也无话可说了。

泉泉妈妈的行为就是一种“无法放手”的溺爱。她为女儿想了很多、想得很周到，却没有注意到正是因为自己的包容，给孩子筑就了安全的港湾，让她完全失去了看一看外面世界的勇气。当泉泉没有朋友的时候，妈妈的做法并不是鼓励她去自己寻找，而是介绍自己同事的女儿、介绍邻居的孩子给泉泉，这些朋友并不是泉泉自己主动接触到的，而是妈妈给她“送”到身边的。如果妈妈还要让她继续待在熟悉的环境中，只会让泉泉觉得“我这样过也很好”，并不能感受到压力，也就不明白勇敢的必要性了。

要让孩子学会拒绝腼腆害羞、重新燃起勇气，就一定要敢于放手。只有孩子自己承受过压力了，他们才能意识到勇气的重要性，才能一点点成长起来。

【案例二】

一个朋友曾经这样跟我诉苦：“我的孩子胆子实在太小了。每次我带她去公园玩，她总是在游乐设施前犹豫半天，非要拉着我一起才肯去玩。别的孩子都聚在一起很开心地玩耍时，她也总是不往前凑。”

“是啊，这确实是有点腼腆了。那你是怎么做的呢？”我这样问。

“我？没办法，她这么害怕，我当然只能把她带在身边了。”

我摇了摇头。正是因为这样，这个孩子才一直胆怯，不敢去和其他孩子交往。我告诉这位妈妈，下次一定要学会让孩子自己去跟别人玩耍，她只要远远看着就好了。

她半信半疑，觉得孩子还要哭着来找她。没想到当她坚决不肯拉着孩子的手、执意让孩子自己去和别人玩的时候，孩子只是着急了一会儿，就妥协了。后来，她甚至跟别的小朋友玩得很好，开心地约着明天还要在这里见面。

这位妈妈一开始在孩子的要求下妥协了，一直拉着她的手，反而给了孩子“退缩”的底气，让她始终觉得妈妈一定会陪着自己；相反，当她狠心放开孩子的手时，孩子反而敢于去尝试了。这告诉我们，有些时候让孩子变得腼腆的罪魁祸首不是别人，正是我们无微不至的保护。

这个道理，放在其他地方也是一样的。这对父母来说可能是一种打击，从什么时候开始，我们的保护也变成一种错误了呢？不，保护并不是错误，错误的只是我们保护的时机不对。一个尚未长成的孩子必然需要父母的保驾护航，但这绝不能是全方位的，在需要他们感受勇气、自己面对的时候，我们也得记得将保护的小屋开一扇窗，让他们感受一点外面的狂风暴雨才行。不然等以后独自闯荡时，孩子一定会被外界的困境吓倒的。

正确的培养方法：狠下心，让孩子学会自己前进

对家长来说，偶尔做一个“虎爸狼妈”是非常有用的，尤其是孩子面临成长的关键转折点时，家长能够狠心一点，将对孩子更有好处。

我曾经遇到过这样一对父母，他们总是抱怨自己的孩子爱哭爱闹。明明都已经快8岁了，遇到一点小挫折还是会轻易掉眼泪，要是把他放进陌生的环境，这孩子第一反应绝对是钻到爸妈身后，真让父母感到不知所措，甚至有些“丢面子”。

然而我却不得不说：“就算丢面子，也是父母自食其果啊!”因为这对父母平时对孩子格外疼爱，哪怕孩子只是走路磕碰到了，母亲都相当紧张，会立刻抱起孩子不让他自己走路。在这样的环境下成长起来，孩子倒是非常信赖自己的父母，完全把他们当作自己的后盾，但也因此失去了自己在成长道路上“独立行走”的能力。

此时，就需要我们对孩子“狠心”一些，要放开他们的手让他们自己前行，能用自己的耐心鼓励、引导他们自己去面对未知，培养他们一颗勇敢的心。想要做到这一点，我们可以从一些小的方面着手。

方法一：通过鼓励机制吸引孩子主动去尝试未知

让孩子变得勇敢、变得不再胆怯腼腆，就必须让他们学会自己去尝试未知的事物。不管是交往时遇到陌生朋友，还是路遇需要打招呼的亲

朋好友，孩子从“胆怯不敢上前”到“主动热情招呼”总是需要一个过程的，也需要积极性去参与到改变的过程中，这时我们就可以通过奖励机制来帮助孩子提高积极性。

举个例子，如果你的孩子对手工五角星很感兴趣，就可以制定一个规则：每次勇敢地去尝试一件新的事情，就可以奖励他一个五角星。小孩子对“奖励”是非常敏感热情的，如果奖励的内容恰好是他们感兴趣的东西，完成的积极性就会加倍。这样一来，原本需要父母强行逼迫迈出的第一步，就变成孩子自觉主动做出的尝试了。

一个敢于尝试、敢于迎接改变的孩子，必然是勇敢的。做到这一点，我们就不必担心他还像过去一样腼腆胆怯了。

方法二：失败不要紧，要学会面对

任何一种尝试都可能面临失败，一个勇敢的人不仅敢尝试，还敢面对不好的结果。很多孩子之所以害羞、不愿意做出热情的行为，更多的是来源于一种对失败的恐惧：万一自己打招呼，对方不喜欢自己怎么办？万一自己去表演节目，做错了动作怎么办？万一自己……

每一个因恐惧失败而变得畏缩的孩子，都是面临过失败的。他们也许看到过旁人犯错，也许自己也有过这种经历，而这种经验又没有多到让他们适应并克服恐惧，他们就会被吓到。要克服这种对失败的恐惧，唯一的办法就是——多失败几次就好了！所以，父母在孩子出于“害怕失败”的原因而过于胆小时，应该更多地引导孩子去面对失败，而不是帮助孩子逃避失败。

如果你担心自己的孩子因为频繁的“挫折教育”而变得气馁了，也可以通过另一种侧面教导的方式来帮助他们，那就是让孩子“围观”你的失败！

对不少家长来说，这是绝对不可理喻的——哪个父母不想在孩子面前当无所不能的“Superman”啊？这么早就打破他们的幻想，是不是太残忍了点？其实不然，让孩子见识到我们的失败并不影响父母的形象，相反，如果我们能向孩子展示正确地应对失败的方式，反而更有益于孩子的成长，也不必担心直接的挫折教育伤害他们的自信心。

当然，这个前提一定是我们能“正确面对失败”，如果连你自己都做不到，还是别急着教育孩子了，先调整一下自己的心态吧！

方法三：放手不等于远离孩子，应该给予孩子安全感

对孩子放手并不意味着我们就完全“大撒把”了，就算是“放养式”长大的孩子，身边也还能看到爸妈的身影呢，所以千万不要远离孩子。

有些家长一听说要放手让孩子自己去闯，才能真正成长，立刻就开始了矫枉过正的教育：从那以后，他们对孩子的学习生活基本上不管不问，除了管吃管喝，一切都得“自己来”！这对家长和孩子堪称是“双重折磨”，家长一边挂心着，一边还要表现得很强硬，而孩子更是手足无措、什么都做不好。短短几天，就给孩子留下了一个印象——爸爸妈妈不要他了！

这种“远离”只会让孩子失去安全感，甚至与父母疏远。我们说的“放手”，是让孩子学会自己走路，但同时也要让他们知道，家长就在身后看着他们，时刻与他们在一起。这种支持和安全感的营造非常重要，尤其是对学龄前的孩子而言。

只有具有了安全感，他们才能敢于真正走出去；越是缺乏安全感，孩子就越不敢尝试、越显得害羞胆小。

方法四：通过各种方式记录他们的勇敢事迹

之前我们说过，要用奖励机制来鼓励孩子去做勇敢的事，让他们学会尝试、学会成长。与此同时，我们还应该通过各种各样的方式来记录孩子已有的勇敢事迹，让他们意识到“勇气”到底意味着什么，有意识地去做一个敢于尝试的孩子。

举个简单的例子，很多孩子都对“印章奖励”非常敏感，我们就可以做一个小册子，在每天写下孩子所做的一件勇敢的事情，并盖上一个小印章。这种奖励从物质角度上看微不足道，但对孩子来说却是相当棒的。长此以往，孩子能够更有意识地让自己勇敢起来。

“你是最棒的，太厉害了”
——不要吝啬你的肯定和鼓励

在传统的教育中，我们常常忽略孩子个人的意志。这一点往往来自作为父母对孩子的优越感，来自一个成人对幼儿的优越感。如果您不信，就来看一看下面这些话是否经常出现在您的生活中吧！

“小孩子，有什么自尊心？”“才这么大就知道跟家长犟嘴了。”“爸爸妈妈说的话你就得听着！”……当出现这些话的时候，你就已经在向孩子炫耀你的优越感，并且在这个过程中做了一件大大的错事——伤害了孩子的自尊心。

千万不要以为小孩子没有自尊心，事实上，对于这些尚未接触过社会、没经历过什么挫折的幼小心灵而言，获得他人的尊重反而是他们十分迫切的需求。也就是说，孩子的自尊心比你想象中可强得多，有时往往一句平常的话，就可能伤害到他们的心灵。

这一点对于比较敏感内向羞涩的孩子来说更为严重。如果说开朗外向的孩子，内心就像经常暴晒在阳光下的仙人掌、向日葵，那么内向羞涩的孩子就是柔嫩的苔藓。常常接触太阳的仙人掌与向日葵，即使经过暴晒也依旧生机勃勃，但对于时刻被保护在阴凉之下的苔藓来说，突然暴露在阳光下很有可能让他们受到致命的打击。

阳光就像我们对孩子进行的挫折教育。适当为之，可以帮助孩子更好地生长；如果过度的话，只会让孩子们的心灵受到创伤。实行这种挫折教育，对腼腆害羞的孩子来说更加需要斟酌谨慎。

每一个害羞腼腆的孩子，内心都更加渴望别人的肯定和鼓励。如果我们在培养他们的品质、塑造他们的性格的过程中，不能满足孩子的这种需求，而是针对他们不如别人的地方一味地进行批评，往往会伤害到孩子的内心，反而加剧他们原本的情绪问题。

【案例一】

在小墨还小的时候，妈妈经常带她出去玩。因为从小没有见过什么陌生人，每次妈妈让她跟不认识的叔叔阿姨打招呼，小墨总是抿着嘴往妈妈的怀里钻。时间一长，妈妈就给孩子打圆场说："都怪我不经常带她出来，这孩子看到生人就害羞，胆子太小。"

慢慢地，小墨明白了妈妈话中的意思——自己害羞是不好的，害羞是胆子小的表现。得到了这种来自母亲的负面评价，让小墨非常介意，而这并没有让小墨学会知耻而后勇——毕竟她还这么小，只是让她变得更加沉默、胆怯了。妈妈的话，成为小墨日常生活中评价自己的标杆，只要人一多她就会表现得特别羞涩，也常常跟别人说妈妈曾经说过的话："都怪我平时不经常和大家玩儿，所以就太害羞了，胆子小。"

因为从小生活在这样的负面评价当中，导致小墨的性格越来越接近妈妈所说的样子，这让妈妈觉得后悔极了。

在孩子的世界里，爸爸妈妈就算不是超人，恐怕也与超人相去不远，甚至于，您可能比超人的形象还要高大呢！对孩子来说，这样高大的、值得依赖的父母，他们做出的判断一定是正确的。因此，我们对孩子的负面评价也好、正面评价也罢，哪怕您觉得孩子一点都没有听进去，其实也对他们有着巨大的影响。

有时，接受了父母批评的孩子表面上没什么反应，其实内心早就崩溃了。这还不算最糟糕的，擦擦眼泪咱们还能站起来，就怕孩子将父母的负面评价记在心里，并真的认可了这一点——我就是爸爸批评的这样，这可就有问题了。

当我们批评孩子过于害羞内向，他们可能就真的这样认为，并且觉得自己在与人交往、性格方面都有一些缺陷，这会让他们在今后的成长中，越发显现出这方面的问题来。

与之相反，如果我们能经常鼓励孩子、尊重并呵护他们的自尊心，满足他们想被夸奖的愿望，孩子往往能做出比我们想象中更大的成就。可以说，用积极的语言和消极的语言去描述同样一件事，形成的结果就会截然不同。

【案例二】

作为一个幼儿园老师，李老师每天都会面临各种各样的问题，仅仅是孩子入园就足够让她头痛了。尤其是开学没多久的时候，孩子们往往适应不了从假期到上学的转变，每天早上都要在幼儿园门口磨蹭一下。

那些活泼外向的孩子还好，只要看到熟悉的老师和同学就开心地跑进园了，但内向腼腆的则不同，他们总会拉着爸妈的手不让他们走。芊芊一大早就跟妈妈来了，但到了快开园的时候，她还是躲在妈妈后面不肯进门。

芊芊妈妈有些生气了："你怎么这么不听话？别的小朋友都进去了，你还在这里磨蹭。你再这样，妈妈以后不带你上幼儿园了！"

听到妈妈生气了，芊芊愣了愣，一下子吓哭起来，这下，她更不想进学校了。李老师看到了，赶紧出来哄了哄芊芊，看到她慢慢不哭了，立刻夸奖她："芊芊真棒啊，这么快就不哭了，你是最勇敢的孩子！"

芊芊一边擦眼泪，一边点了点头。

“既然咱们这么勇敢，暂时跟妈妈分开一会儿能不能做到？你看，弟弟妹妹都看着你呢，你要不要给他们当榜样？”李老师指着边上更小的孩子跟芊芊说。

芊芊看了看，迟疑地点了点头，这次总算跟着李老师进幼儿园了。

对芊芊而言，老师和妈妈都想让她进幼儿园，但她们的做法是不一样的，所以芊芊的表现也不一样。你会发现，如果家长没有重视孩子的自尊心，通过批评、训责的方式来对待他们，孩子往往更难做到我们想要的结果，他们要么产生逆反心态，要么就是因为害怕而哭泣。

如果我们能用鼓励的方式来呵护他们，他们很容易顺着家长的思维去思考，进而接受我们的提议。根据研究，几乎 90% 的优秀人才，在幼年时期都或多或少地受到了来自亲人的鼓励和帮助，其中母亲的角色出现频率最高。这种积极的鼓励，并不是夸大地炫耀，而是用好的、向上的方式来形容和肯定孩子的行为，多关注孩子的优点，淡化他们的缺点。

这样的方式对一个成人而言，安慰意义大于实际意义，因为我们早已过了那个靠别人鼓励过日子的年纪；但对儿童来说，简直就是瞌睡来了枕头、久旱逢了甘霖，再合适不过了，这也就是俗称的“暗示教养法”。

正确的培养方法：别吝啬开口夸赞，少用负面词汇批评孩子

对家长朋友们来说，“夸奖”孩子可能是最简单也是最难办到的一件事。

常言道“孩子看着自己的好”，每个家长心里都有一个排名，那综合素质排在第一的妥妥是自己的孩子；同样，望子成龙的家长们也会发现，单项排名上自己的孩子似乎还是有点“美中不足”的地方。于是，

不管在别人面前如何夸奖自己的孩子，真跟孩子面对面，家长往往还是以“继续努力”这样的评价居多，纯正的夸奖比较少。

这也是中国家长们的普遍情况了——谁不希望自己的孩子还能更好一点？可对孩子们来说，永远向着家长的目标前进，却永远抵达不到，是一件很累的事情。这时候，您也该夸夸他们了。

尤其是那些害羞内向的孩子，越是要塑造他们良好的性格，就越是要夸奖他们做得好、做得积极的方面，绝对不能吝啬夸赞，更不能因为孩子害羞、不爱闹，就忽略他们内心世界的需求。

方法一：多给孩子鼓掌，别让孩子觉得自己害羞

多赞美孩子的改变与突破，每一次当他变得更好时，千万不要说“你这次还不错，继续努力”，而是要说“你这次突破了自己，做得更好了，真棒”。对孩子已经有的成就进行赞美，比给他们画一个可能永远达不到的大饼更加有效。

这种突破可能很简单。对一个容易害羞腼腆的小孩来说，哪怕主动向别人问一次路、愿意在公共场合主动发言，都是一次巨大的突破。有第一次就有第二次，当他们尝试了第一步，后面的路就可以走得很顺畅，所以我们一定要守在起跑线上，为他们的第一步而鼓掌。

方法二：让孩子更有自信感

鼓励孩子就是让孩子更有自信感的一种方式，不过却不是唯一的方式。

举个简单的例子，当孩子在面对陌生的环境时，自然会产生一种恐惧感和危机感，这时我们的鼓励可能都不会起太大作用，但另一种支持却能发挥至关重要的影响，那就是——安全感。

告诉他们“爸爸妈妈一直在你身后”，让孩子有一种安全感，对正在恐惧的孩子来说，这简直就是治病良药，一剂下去百病全消。他们会因为安全感的建立而变得勇敢起来，从而更加积极、更加敢于尝试。

此时，营造安全感就是给孩子自信的一种方式。当孩子有了安全感和自信之后，就算还是会害怕，但却敢于去试一试。除此之外，在不同的情况下，自信的塑造还跟不同的因素有关，这就需要家长朋友们自己去探索了。

方法三：让孩子主动跟别人友好相处

大多数腼腆害羞的孩子在人际交往上总是让父母头疼的。小孩子是一种非常简单而又难以理解的“生物”，他们简单到喜欢谁就跟谁玩耍；如果你不能主动热情地融入孩子的群体，他们也不会向你展现什么热情，哪怕父母叮嘱过“要好好和朋友相处”一样。

此时，跟你害羞的孩子说“要跟朋友好好玩”是没用的，他们只会把这种自然而然的行为当作任务，反而在交往活动中更加小心翼翼，但是，我们可以让孩子主动产生“想跟别人玩”的想法——当然我知道，这对一个腼腆的孩子来说是很难的。

所以，父母应该在他们交朋友之前，就主动带他们去探索外面的世界，并向他们灌输“有了朋友，大家就可以在更广阔的空间更快乐地玩耍”这样的念头。在心底潜移默化种下了这种期待，就算孩子还是很腼腆，也会主动去尝试跟别人交往的。这种旁敲侧击的迂回攻击，可比家长直接采取“唠叨大法”更加有用。

方法四：学会肯定孩子的感情和想法

除了直接鼓励孩子，肯定他们也是非常重要的鼓励手段之一，这会让他们增强自信，也能让他们更顺畅地表达自己的感情、积极去做想做的事情；如果我们非要强迫孩子去做一些事，他也会让你体会一下什么叫“强扭的瓜不甜”这个道理。

假如说，你的孩子总是很喜欢玩泥巴，那就不要强迫他们用这个时间去画画。也许你认为画画和玩泥巴一样对他们的成长有好处，甚至画画要更好一些，但你的孩子绝对不会这么认为。强迫的“游戏”不能让孩子真正感受到快乐，相反，他们的积极性和自信心还会被挫伤，并潜在地感受到父母对自己的不尊重。

此时，不如顺应他们的意思，给孩子穿上家常穿的旧衣服，让他拿着黏土工具好好玩一通。在自己喜欢的游戏中，孩子才能更好地表现自己、展现自己积极的一面。

方法五：肯定不等于纵容，适当约束孩子很重要

我们要鼓励孩子的行为、肯定他们的想法，前提是这些行为和想法必须是绝对正确的，千万不要无原则地去鼓励和肯定，更不要去纵容。

有些父母认为，当我们要多说“你真棒”的时候，就是对孩子所有的行为予以嘉奖，这倒是能促进他们自信心的成长，但也一样会导致孩子是非不分、影响世界观的建立，负面影响大于正面影响。

有时如果我们对孩子不进行适当的制约，而是什么都“放手”，也很容易导致孩子的性格更加内向胆小。因为他们不明白什么可以做、什么不可以做，对那些内向的孩子来说，这并不是“撒欢”的机会，反而会让他们更加手足无措。

所以，给孩子以适当的约束，为孩子建立规则的意识，对帮助他们改善性格也是很重要的。

“这么多人，我紧张！”
——紧张时，教给孩子一点放松法

腼腆的孩子比一般人更容易紧张，这一点你从他们害羞的小红脸蛋上就能看出来了——这些小家伙们紧张时，也有着和我们一样的表现。

正是因为他们太容易紧张了，所以才会在某些场合表现出腼腆、不大方的行为，所以有时我们要解决孩子腼腆害羞的情况，只要从一个方面入手就行，那就是解决他们的紧张问题。

就像世界上不会有完美的人一样，也不会有绝对不紧张的人，哪怕是再镇定的表现都是相对的。所以，不要寄希望于让孩子成为一个绝对沉稳的“优秀人才”，这样不仅会让孩子失去童真童趣，说不定还给他们增加了无形的压力。只要能适度解决孩子的紧张心态，让他们保持在正常偏上的状况，对一个容易害羞的孩子来说就非常完美了。

【案例一】

唐唐是个特别胆小怕羞的小男孩，加上从小身体不太好，老师、家长都对他很宽容照顾，导致唐唐越来越胆小、越来越不大方，这让父母很着急。

于是，在唐唐父母的要求下，老师安排他做了一次当众演讲，希望能慢慢改变唐唐的情况。这种演讲同学们都会做，只是唐唐每次站起来都特别紧张的样子，脸红得像个大苹果，老师就放宽了要求，让大家自愿进行，唐唐自然就拒绝了。

如此一来，这一次就成了唐唐的第一次演讲。当他走上讲台的时候，害羞的紧张感一下子把自己淹没了，天啊，下面竟然有这么多同学！万一自己太紧张破音了怎么办？老师和同学们肯定会笑话自己的……有了这样的想法，唐唐心里的紧张感越来越大，最后实在忍不住，他两眼一翻——晕了过去。

这可把老师吓坏了，还好，没一会儿他就醒了过来，可是谁也不敢让唐唐再上台演讲了，万一出了什么问题怎么办？

这是否意味着唐唐因为极度的害羞，永远无法站在讲台上演讲呢？事实上，这个孩子如今已经长大了，还成为一名公共课讲师，经常做关于公务员的课程培训，每一次都是面对成百上千的学生。之所以可以做到这一点，是因为他找到了自己紧张的源头，并且将其击溃了。

大多数孩子的害羞紧张，都源于一个因素——他们太在意别人对自己的看法了，也太高估别人对自己的关注度。在心理学上，每个人心中都有一个“焦点效应”，也就是说我们总认为自己是别人生活中的焦点，其实，每个人都只是自己生活中的主角而已，在别人眼里，你根本没那么重要，甚至连主要配角名单都上不了。所以，当孩子们可以明白这个道理，知道别人并没那么关注自己时，他们往往就不再像过去一样紧张。

成长后的唐唐就意识到了这一点，所以逐渐克服了自己的心理障碍。更多容易害羞的孩子还没能意识到这一点，加上他们往往本来就更内向敏感、更关注他人的态度，所以反而会过分看重别人对自己的关注，哪怕他人只是看了自己一眼，也以为他一直在盯着自己——这就让孩子们变得特别紧张，尤其害怕众人瞩目的情况。

其实，只要有一个契机可以让他们意识到，自己并没有那么吸引别人，也许他们的紧张就可以缓解。

【案例二】

周一，葵葵紧张地来到了学校，一路上都觉得别人在盯着自己，一张小脸简直涨红成了大苹果。这一天是升旗的日子，规定所有学生都应穿校服，而葵葵的校服裤子还没有干，妈妈就给她套上了一条颜色差不多的长裤。

“不行的，妈妈，一定会被老师批评的！”胆小的葵葵都快急哭了。

“不会的，你看颜色都差不多，老师肯定发现不了，反正你不能穿湿裤子去学校！”妈妈拒绝了葵葵要穿湿裤子走的要求。

就这样，葵葵穿着伪装的校服裤参加了升旗仪式。过程中，她总觉得老师的眼睛一直盯着自己看，紧张地低着头不敢说话。结果要走的时候，老师喊道：“葵葵……”

葵葵差一点就哭了出来，却听到下一句是：“下课的时候别忘了交作业，上周你不是忘了交吗？”

这下葵葵才松了一口气，她意外地发现，老师还真没注意到自己的裤子问题。

类似的经历是否也曾出现在我们的生活中呢？每个人的成长都经历这样的过程，从害羞腼腆变得大方得体，从世界中心变为找到自己的角色，我们都在不断改变。而我们成为父母后，更需要用自己的成长经验去引导孩子，帮助孩子也顺利完成这种变化，这就是父母的责任。

正确的培养方法：找到原因，针对性解决紧张问题

想要解决孩子害羞紧张的问题，家长首先要意识到一个情况——任何人的害羞和紧张都是生理的自然反应，是无法完全消除的。如果你想让孩子沉稳得像个机器人，大概需要先给他来一个神经剔除手术才能做到。

所以，一个害羞的孩子能够稍稍改变自己过分的紧张，就已经是非常好的结果了。这告诉我们——

1. 帮助孩子消除紧张，不要制定太高的目标

很多家长因为觉得自己的孩子害羞，所以经常制定一个很高的“改正目标”，除非孩子比一般人表现得更好，否则就觉得他们依旧是“害羞”，这就是一种矫枉过正的行为，是因为对孩子有既定印象所以才会如此。这就是我们首先要注意的一点。

当我们用一个正常孩子的标准来要求自己腼腆的孩子时，就会发现这个目标还是很容易完成的。

2. 找到孩子紧张的原因

孩子见到陌生人容易害羞紧张，可能源于对陌生人的恐惧，也许他听过什么故事、曾经被不友好的态度伤害过自尊心、小时候被家长吓唬过，这些都会导致孩子的紧张害怕。尤其是现在种种社会问题加剧，家长们对孩子的安全更加重视，难免会对孩子进行一些必要的自救意识培养，这必然会涉及“陌生人”这个话题。

孩子一旦对陌生人警惕，自然地会产生抗拒心态，因此而变得害羞紧张、在陌生人面前放不开。

与此同时，还有的孩子则是面对人多的情况会比较紧张。这类孩子

往往就是过于关注别人的目光，总觉得大家在盯着自己，因此压力很大，变得容易害羞。这个原因，又与上面我们说的那种不同。

所以，要改变孩子害羞腼腆的问题，必须对症下药。想让孩子消除紧张感，找到源头才能真正找到解决办法。

3. 鼓励孩子学会表达紧张的心理

有些孩子虽然因为害羞而紧张，但他并不会表达自己的这种心理，一直自己“憋着”。在他们情绪消化能力还很有限的时候，这种行为自然不能给孩子们带来多大帮助，所以我们应该引导孩子，学会说出自己的紧张情况。

不知道你是否有这种经历：越是一个人闷着就越会紧张，如果能有一个人互相倾诉，紧张感就会消退。在面试的时候，你最常发现的就是大家都是“话痨”，事实上这些人日常可能并不多话，但因为面试前的紧张感，导致他们不得不开启“话匣子”，跟旁边人倾诉分担。放在孩子身上也是一样，当他们能跟父母表达自己的紧张情绪并接受安抚时，紧张感就会有所下降。

4. 给孩子一个临时的放松方法指导

如果不能提前缓解孩子的紧张，我们可以提前教给孩子一些放松的办法，告诉他们可以在自己紧张的时候使用。这些办法可以很简单，但只要有效果就足够了。

比如在我很小的时候，每次登台演出都会感到紧张，担心自己无法表演好，母亲就告诉我：“你可以把下面的观众都当成大萝卜！”一想到他们都是不会说话、闷头闷脑的大萝卜，不禁觉得好笑，紧张的气氛也就会消失了很多。此后，只要看到下面的观众，我就会自动带入这样的场景，从而有效地消除了紧张。

而“一分钟深呼吸”这样的肌肉放松法、“想象自己在海边散步”

这样的冥想法等，对孩子临时缓解紧张也非常有效，我们可以选择其中一种教给他们，帮助他们临场解决问题。

当然，真正能发挥大效果的，还是针对性的“根治”办法。这一切，都需要在一个和谐、轻松的家庭环境下进行，只有父母营造一个美好的家庭氛围作为孩子的后盾，他们才能健康成长。

“你怎么这样内向？一点都不勇敢”
——别在旁人面前谴责孩子的腼腆

在很多家长眼中，孩子的胆小怕羞并不算什么问题，胆小可以解读为乖巧，怕羞可以解读为听话，这才是家长眼中不惹祸、不淘气的好孩子。不过现实告诉我们，一个在不断接触外界社会的过程中，依然不能摆脱胆小怕羞符号的孩子，往往就会受到这些因素的拖累，一辈子都打上“害羞”的印记。

在最开始，孩子的害羞反应是一种生理上的自我保护，因为他们没有接触过社会，所以自然而然会出现这些表现。伴随着他们逐渐长大，胆小怕羞的行为应该越来越少，只成为父母回忆过去时的打趣：“我记得你小时候还很害羞……”

也有一些孩子，由于成长过程中教育的失当、童年时期特殊的创伤等，导致他们一直保持着过于害羞胆小的性格，这就成为一种问题了，所以我们应该及早发现并纠正。

在纠正的过程中，我们也应该同时意识到——胆小怕羞是可以轻松改变的，不是什么大问题。跟那些不把这些问题当回事儿的家长比，过分重视怕羞问题的家长也容易陷入教育误区。他们把害羞当成一个缺点，急匆匆地就要纠正，只要孩子不能听话改正，就着急地提醒乃至训责，甚至当着他人的面如此。这样，反而容易让孩子更加怕羞。

【案例一】

菲菲是个容易害羞的孩子，她从小跟着爷爷奶奶长大，这让菲菲的成长环境很单纯，所以一旦遇到很多人就经常害怕、表现腼腆。

“这样可不行，以后对孩子的成长有太不好的影响了。”菲菲妈妈觉得这是个大问题，就有意识地让菲菲改正，于是她总是特意带菲菲去参加人多的聚会，带她主动跟自己的同事朋友打招呼。

“菲菲，叫阿姨!”妈妈希望菲菲可以在不断的“练习”中习惯并变得不再腼腆了。

可菲菲却感到害怕，频繁地外出让她缺乏安全感，每次妈妈这样说的时候，她总是躲在背后一声不出。

“你看看，这孩子让我惯坏了，都没礼貌了!”妈妈看到菲菲不肯表现，只好给自己找了个台阶下，说了菲菲几句。没想到这句话不知道戳中了哪里，菲菲一下子哭了起来，她喊着“我没有不礼貌”，又“打”了妈妈几下就跑了出去。

对妈妈而言，也许她只是一种客套，但话语中对孩子谴责的态度却是不容分说的，而腼腆内向的孩子往往更加敏感，对父母的谴责表面上不说什么，内心却很受伤。这会让他们更加厌倦自己，更难以做出积极的反应和突破来，一不小心还容易让孩子给自己贴上“害羞”“没礼貌”的标签，越长越往这些方向靠拢。

所以，没理由的谴责是绝对不应该的，就算孩子因为腼腆害羞做错了什么，家长也绝对不能当着众人的面去谴责他，否则只会加剧孩子的心理问题。因为你在谴责他的时候，也忘记了一点——你的孩子那强烈的自尊心。

有时，正是因为家长和老师对孩子过于严厉，经常在众人面前谴责他们，所以才会让他们越来越谨言慎行，越发敏感，最终导致腼腆害羞的表现。这个因果关系，很多家长都弄颠倒了，导致他们并不知道自己才是孩子腼腆行为的“罪魁祸首”。

【案例二】

蒋老师班上有个内向的男孩子，平时不算特别努力，但是成绩还是可以的，这让蒋老师总是替他着急，却不知道该怎么说。

有一次考试，因为这孩子最近学习不认真、发挥得也不好，导致退步了十几名。蒋老师觉得这是个机会，可以通过对他这次成绩的批评，让他以后更加努力，不要浪费自己的天赋。于是，她就在班上点评成绩时当众批评了一下这个孩子。

俗话说“爱之深，责之切”，蒋老师也是出于一片好心。可她没有意识到，这个内向的孩子本来就不爱说话、非常腼腆，也非常敏感，被老师这样批评，他反而比别人更加在乎、紧张。在这样的压力下，他的反应不仅仅是“下次努力”，而是对这次的差成绩耿耿于怀，生怕下一次再考不好。这让他变得比以前努力了些，却也更加沉默、更容易紧张。一到考试，这孩子就脸色苍白，甚至有一次还因为害怕而发烧了。

蒋老师这才发现，自己的一次批评给他带来了这样大的压力，她非常后悔。

当众批评是能起到一定的作用，但这种作用之所以被叫作“知耻而后勇”，是因为我们给孩子带来了“耻”。孩子的敏感自尊心是很多大人难以体会的，给他们这样一个严重的打击，如果还是在他们比较在意的方面，加之孩子本身对他人的评价很在意，就十分容易引发负面影响。所以，对那些腼腆内向的孩子，批评反而要注意适度，帮助他们改变性格问题更需要如“春风化雨”一般，尽量在私下进行，当众谴责和批评是最不可取的行为。

正确的培养方法：不在人前说短处，别对孩子太严厉

家里如果有一个腼腆害羞的孩子，就像捧着一个琉璃瓶一样，应该是精心养护、仔细收藏的。因为这样的孩子也有一颗琉璃般的心，虽然美好却十分脆弱，家长过于严厉的态度很容易让他们受伤害。

要让这样的孩子走出腼腆害羞，“潜移默化”比“雷霆万钧”更加有用。一般来说，家长应该从三个方面注意自己的教育行为，绝不能弄巧成拙，让孩子的问题更加严重。

1. 绝对不能在人前揭孩子的“短”

有些家长总爱在他人面前吓唬自己的孩子，或者揭露孩子的短处来给别人看。这倒不是因为家长对孩子有什么不满，也不是因为孩子是从垃圾箱捡来的，一般都是因为家长觉得这种方式最“简单有效”——只要在别人面前一说，孩子以后就会特别注意，会更主动地改正问题。

这种反应来自孩子对自尊心的维护。他们不想让自己的缺点暴露在别人面前，所以一旦父母说了，就会弥补式地改正，但这并不意味着，这种做法对孩子就真的是正面的。

只要我们在别人面前说了孩子的短处，对孩子来说就是一种伤害。他们可能会去努力改正，但也会对父母产生负面印象，而对那些腼腆害羞的孩子而言，他们的表现会因此变得更差。

因为孩子的害羞本就会导致紧张，家长的批评只会让紧张加剧，体现出来就是“更害羞了”。如果家长不明就里，还采取“人前批评”的模式，就彻底形成了一个恶性循环，孩子早晚都要爆发，或者最终养成真正腼腆的性格。

2. 不要批评，让孩子对自己更有信心

许多孩子之所以在人前紧张害羞，归根结底就是因为不自信。这种不自信，往往来源于父母或老师、朋友在日常生活中对他们的评价不高。因为没有获得过什么鼓励和肯定，让他们对自己毫无信心；因为没有信心，所以做什么都显得没底气，也不敢在别人面前轻易展示自己，所以看起来腼腆；因为表现腼腆，更容易被父母批评……

这样的循环，往往出现在很多孩子的身上。如果不能从根源上解决，孩子就会越来越谨小慎微，最终变得十分自卑，而害羞与胆小，不过是这种自卑在某些方面的反映而已。

针对这些问题，家长更应该避免批评孩子，尤其不能当众批评。鼓励才是让孩子重拾信心的唯一方法，没事多关注一下孩子的闪光点，不要刻意地，而是自然而然地去表扬一下孩子，对他们的性格塑造帮助反而更大；如果一味关注“不要胆小”“不能害羞”，可能会加剧孩子的压力和自卑心理，对他们造成的影响更大。

3. 别对孩子太严厉，不要让他产生抗拒心理

很多孩子的胆小怕羞都是只针对老师家长的，你会发现当他身处同龄人之中时，既能活泼开朗地与他人交流，又能表现出这个年纪应有的优秀之处，是个非常好的孩子。那么，他们为什么在大人面前却很害羞内向呢?

孩子的这种紧张，是来源于家长和老师留下的“严厉”印象。如果过于严苛地对待他们，孩子就容易加重腼腆害羞的情况，所以对家长而言，别对孩子太严厉大概是教育的重要原则。

家庭不是课堂，更不是审讯室，一个温馨、和谐的环境才是我们最应该营造的氛围，这也能帮助孩子减轻紧张感和害羞心理。通过积极的沟通、良好的家庭环境辅助，孩子能够更好地塑造性格，这是严厉批评做不到的。

第二章　打开孩子的心门，让他体会和控制情绪

“你现在有什么感觉？”
——引导孩子“说”出情绪

对很多家长来说，在培养塑造孩子情绪性格的道路上，最难的可能不是过程，而是开始。很多家长的家庭教育理论知识都已经学得十分到位了，但在真正实施的时候，却面临着一个巨大的问题——压根不知道从何着手。

这种情况还很普遍，理论派和实践派在家长群体中往往无法合二为一，要是谁能两者兼顾，那真是妥妥的模范教育家了。

首先，他们就不知道自己的孩子在情绪性格的塑造上到底有什么问题。

“什么？自己孩子的性格是什么样的，我们还能不知道吗？”这个问题说出来，可能许多家长都觉得可笑。如果他们都不了解自己孩子在想什么，那又有谁会了解呢？然而事实上根据调查研究，家长们都觉得自己理解孩子，却有超过一半的孩子认为家长并不真正懂得自己。这种家长单方面一头热的“了解”，在遭到孩子的否定时就显得有点尴尬了。

之所以会出现这个问题，有时候是我们没有给孩子倾诉的机会，他们没有办法将自己的想法表达给我们，也有时候是因为孩子总愿意将自己的情绪隐藏起来，不愿意向我们展示他们的心理变化，所以家长没办法把握他们的思想脉络。

前者，需要家长主动给孩子一个倾诉的机会，而后者，就需要我们引导孩子向家长主动“说”出他的情绪。

【案例一】

“孩子，你到底在想什么？”这是彬彬妈妈最想问自己孩子的一个问题。

她觉得自己可能是最差劲的母亲，连自己的孩子在想什么都不知道，可是彬彬的情况还真就有些特殊。他的个性看起来并不算腼腆，却是个“闷葫芦”，从小就不愿意跟别人聊天，更不愿意跟别人聊关于自己的事情。小小年纪，彬彬就好像藏了一肚子的情绪，永远都不表露出来，这样，妈妈就很难知道他到底在想些什么。

前段时间，彬彬爸爸本来答应带他在周末时去植物园玩耍，却因为临时要加班而取消了这个活动。彬彬心里感到非常失望和生气，但是他又不知道该怎么说，也不愿意告诉妈妈，就攥着拳头蹲在角落里生闷气。

妈妈有些担心，她猜测可能是彬彬因为爸爸的失信而生气了，就问他：“彬彬，你是不是生气啦？你要是有什么想法就跟妈妈说，妈妈替你讨公道！”

可就算说到这个份儿上，彬彬也并没有说什么，只是低头流了一会儿眼泪，就默默站起来说“我没事”。这让妈妈感到非常无奈，不过是一点小事而已，为什么孩子不能跟自己沟通呢？如果他能够主动表达自己的想法，相信他们的教育会变得更加顺利。

随着孩子的成长，他们越来越不愿表达自己的情绪，这是很正常的事情。

最开始，他们可能并不明白自己到底产生了怎样的情绪，所以不知道该用什么办法表达才对。比如，孩子们可能理解什么是生气，但并没有人告诉他这就是生气，他们也不知道如何发泄才是正确的，所以就采用自己的方式来倾泻情绪。此时，父母的教育应该更多地侧重于让他们认识情绪，让孩子们知道自己的这种情绪波动叫什么，才能够进一步帮助他们控制情绪。

随着年龄的不断增长，当孩子们已经能够体会情绪却不愿表达的时候，可能就是出于自己的个性因素。有些孩子行为性格都属于内向型，说话做事闷不吭声，如果家长不主动要求他们表达自己的情绪，他们就不会跟家长沟通交流。这样的“闷葫芦”，大概是家长们最头痛的一群小孩了。

还有一种情况，就是孩子过去可能表现过自己的负面情绪，但因为表达方式比较失当，导致父母或长辈对他们进行了批评和训斥，从此他们就不敢、也不愿意再表达自己的情绪了。

【案例二】

阳阳从小就是个脾气有点急的孩子，小时候不会表达情绪，就很喜欢用摔打东西来表达自己的愤怒，这让爸爸妈妈很头疼。每次遇到阳阳这样做时，他们总要严厉地训责一番，好几次都把阳阳训哭了。

后来，他慢慢学会了控制自己的情绪，可是妈妈却发现，自己越来越难懂孩子了，因为阳阳总不愿意跟他们交流。

当他沉着脸放学回家时，妈妈也不清楚阳阳到底是在生气还是难过，是因为什么不开心了，只能看出他有些不高兴。当她询问阳阳时，得到的回答也只是：“没事，就是有点不开心。”具体是怎样的情况，阳阳却不肯说。

后来被问烦了，阳阳就不耐烦地说：“告诉你们干什么，告诉你们也只会骂我，我才不想跟你们说！”

其实，父母的教育并没有错，只是可能过于严苛，给幼小的阳阳留下了比较深的印象，使他下意识地拒绝向父母倾诉负面情绪，认为这样会被父母认为是错误的、会挨打挨骂。如果有这样的情况，我们当然需要先跟孩子“解除误会”，让他们明白并不是产生负面情绪是错误的，而是表达方式不对才会被教育，慢慢解开“心结”，才能再次获得孩子心灵世界的入场券。

不管哪种情况，若能在这个年龄段进行引导与教育，让孩子学会通过积极有效的方式表达自己的情绪、与别人交流情绪，对孩子的成长都有很大帮助。我们要做的，应该是鼓励孩子用“说”的方式来表达他们的情绪，不管是生气还是悲伤、快乐还是愉悦，第一时间“说”出口，这样不仅可以帮助他们排解情绪，还能让我们更好地了解孩子的情绪变化，帮助他们进行引导。

正确的培养方法：多让孩子“说”出情绪，引导他们顺畅交流

1. 首先，耐心是一剂良药

俗话说“耐心才能浇灌出最美的花朵”，这话听着又土又俗，但是一想到百年才能“树人”，就应该理解这其中蕴藏的真理。

当我们信誓旦旦说自己“了解孩子”的时候，不妨真正去跟他们交流一下，看看自己是不是真的理解已经成长的孩子在想什么，去感受一下孩子现在的情绪是什么。在这个过程中，我们可能会明白孩子为什么不肯表达自己，就需要耐心地去引导、帮助他们。只有我们给予了足够的耐心，给了孩子倾诉的安全感，他们才能够大胆地、实事求是地说出自己的需求和情绪感受。

2. 让孩子明白，向父母表达情绪是一件积极的事情

之所以这样做，一是因为他们正处于自我认知的快速成长、塑造期，意识还比较模糊，但又很容易被引导，让孩子产生这种清晰的认识，可以有效引导他们向积极倾诉情绪的方向转变；二是，孩子的行为在这一时期也并不稳定，有时会很爱跟家长交流沟通，但有时又不想说一句话，若能让孩子认识到前者是积极的、后者需要避免，当然就更有益孩子成长了。

不过，想要让孩子有话直接说、正常表达自己的心理状态，家长万不可采取急躁、呵斥、批评的教育方法。如果此时忍不住稍微急躁了一下，之后就得付出十倍百倍的时间去弥补，诸位家长要切记。

3. 多引导孩子用“说”的方式来交流情绪

有些孩子表达自己的情绪喜欢用“动作”，比如生气了就扔东西、打人，难过了就藏在角落里伤害自己，高兴就蹦跳喊叫，这些方式都是不太恰当的表达方式。我们应该鼓励孩子将自己的情绪“说”出来，跟周围的人交流自己的情绪，可以让负面情绪得到舒缓、分享喜悦。

比如，当他们因为生气而默默哭泣时，家长就可以凑过去跟孩子聊天交流，并告诉他们：“你生气吗？生气就要说出来，说‘我生气了’，别人才知道你现在不开心，才会来帮助你啊！”当孩子告诉你他现在的情绪时，家长要有意识地将话题进行延伸，问他们“为什么会生气”“我们怎么做才能高兴起来呢”，尽量让孩子往疏导情绪的方面想、往积极的方面引导，这样可以让孩子在交流中舒缓情绪。

4. 尽量用描述性语言来描述他们的情绪

一些孩子还对自己的情绪不太了解，所以家长就要学会用细节性的描述语言来描绘他们的情绪。比如当孩子不开心时，你可以说：“我看你坐在这里好久了，特别没精神的样子，是不开心吗？”当孩子感觉委屈时，就说："刚才××是不是冤枉你了？你是不是心里感觉闷闷的不舒服，觉得委屈了？"这些描述语言都是在帮助孩子认识到——原来我的感受是这种情绪。孩子体会到情绪了，表达起来就会比较顺畅。

“妈妈，我想跟你说……”
——保持交流，别忽略孩子的小心情

其实，父母是非常有趣的群体，在他们关注孩子的时候，往往会将孩子的心情放在第一位，时刻关注自己的孩子是否开心、难过，并因此牵肠挂肚；但当他们忙于自己的工作时，又经常忽略孩子的心情，即使关注也都是关心他们的吃喝休息、个人成长，而忽略了他们的情绪波动。

为什么会这样呢？归根结底，还是父母将关注孩子情绪当成了一种“关怀”，而不是父母应该重视的“义务”。关怀是可以在有精力的时候再进行的，而义务则需要时刻保持，在精力有限的情况下，很多父母就将孩子的学习、成长放在了第一位，情绪变化自然排到后面了。

事实上，我们之所以强调跟孩子多沟通，就是为了照顾孩子们的小情绪，这对他们的成长影响才是最深远的。

【案例一】

君君爸爸工作总是很忙，大多数时间都是妈妈来接送君君上下学。在回家路上，君君喜欢跟妈妈聊天，倾诉自己一天的生活，告诉妈妈自己开不开心，这让母子俩的沟通一直很愉快，妈妈也了解到了君君到底在想什么。

这几天妈妈出差，就由爸爸接送君君。在回家路上，君君又一次开心地说起了自己的话题："爸爸，我想说，我们今天……""爸爸，你知道吗，我同桌……""爸爸，爸爸！"

在君君说话的时候，爸爸却在想一个工作项目上的问题。本来就有些发愁，加上君君在旁边"唠叨"个没完，让爸爸一下子没了耐心："好了，君君，咱们回去之后你跟奶奶说好不好？爸爸这会儿有点事情，等闲下来再听你讲，行吗？"

君君一下子停了下来，他有点不知所措了。他点了点头，安静地回了家，可是心里却在想：下一次绝对不跟爸爸说这些了。

当我们没有耐心听孩子倾诉情绪的时候，其实就是在关闭和孩子之间交流的大门。这样关闭一次、关闭两次，就算是再热情的孩子也一样会失去打开心门的力气，不愿意再向父母倾诉自己的想法。

如果自己的父母根本不在乎这些，为什么还要单方面热情地唠叨呢？这大概是每个人都会产生的想法。

所以，当孩子想主动跟我们沟通的时候，绝对不要拒绝他们。哪怕抽出你的一点时间，停下手中的工作，也要让孩子说完他的话。如果说成人对自己的工作是有规划的，知道什么时候该做什么，那孩子相对就没有这种意识。尤其是兴致和情绪这种东西，更难以提前规划好，所以孩子聊天的冲动往往是一时的，如果我们此时拒绝了他，你就可能永远失去了跟孩子交心的机会。

【案例二】

有一次我去朋友家做客，看到了朋友8岁的儿子正趴在妈妈的椅子背后，对坐在电脑前工作的朋友说："妈妈，我想跟你说个事！"

朋友一边忙着在电脑上打字回邮件，一边头也不回地说："有什么话待会儿说，妈妈现在忙着呢，你去跟你阿姨聊一会儿吧。”

孩子看了看我，就跑到我这边，凑在耳边悄悄说：“你看，阿姨，我每次跟妈妈说话她都很忙，她都不搭理我！”说完，他就吐了吐小舌头。

后来我们聊起来，才发现他是想跟妈妈分享一下自己刚做的小模型，说实话，做得还不错呢！这样到了晚上，朋友在吃饭的时候终于想起了孩子之前的话，和颜悦色地问道：“宝宝，你下午想跟妈妈说什么来着？”

孩子不知道是想不起来，还是没有心情再向妈妈重复介绍一遍自己的作品了，就低着头想了想说：“没什么，我也忘啦！”

朋友忍不住无奈地笑了，跟我说：“这孩子，就是有秘密老不告诉我，看来是长大啦！”

其实，一开始孩子还是想主动跟朋友聊天的，甚至是非常积极地去恳求妈妈，她却拒绝了，而当工作做完后，孩子的情绪早就过去了，她也就失去了一次跟孩子一起体会成功喜悦的机会。

更重要的是，朋友的这种拒绝一旦多起来，就会给孩子造成“不用问妈妈，反正她也没时间跟我说话”的印象，从此孩子会习惯性不再跟妈妈分享自己的小情绪，慢慢就演变成了“代沟”。

事实上，最开始推开孩子的，不正是朋友自己吗？所以，我们总是说孩子越长大跟我们距离越远，有时也不是孩子的错，而是我们对他们的关注太少了、太偏了，所以才跟孩子渐行渐远。

由此可见，沟通是多么重要，和孩子沟通情绪，我们才能了解他们的想法，帮助他们健康成长。否则在你不知道的地方，孩子还不一定会长成什么样子呢，你忍心错过他们的成长吗？

正确的培养方法：时刻跟孩子沟通，关注孩子的小情绪

当孩子在学校中度过了一天，我们最好不要单纯地问他每天都学了什么功课、有没有吃饱穿暖、老师好不好，而是要问孩子“今天开心不开心”，如果孩子觉得有委屈、负面情绪，就要多去了解，问问他们“为什么会生气”“怎么不高兴了”，孩子会很愿意跟父母交流自己的想法，这样父母就能知道孩子的情绪状况了。

所以，沟通是让孩子顺畅地向父母表达情绪的基础，想要了解到孩子的情绪，你首先得了解孩子平时的想法和思维模式，才能正确推测他们的情绪状况并有针对性地加以解决。

那么，我们如何跟孩子进行深度的沟通呢？可以从以下几个方面进行，在日常生活中建立起好的沟通桥梁，才能更轻松地了解孩子的情绪。

1. 尽量少问孩子概括性的问题

比如家长在与孩子进行交流时，最好不要问一些概括性问题，比如“这样你高不高兴”“你觉得不好”“是不是觉得这样挺让人生气的”等。因为这类问题都是在让孩子做选择题，不利于他们表达，甚至有一定的倾向性。比如“是不是觉得挺让人生气的”这个问题，一般就是父母在引导孩子回答“生气”这个答案，这不一定是孩子自己的想法，而是父母的暗示。这种交流其实都是在走父母预设的路，无法打开孩子的“话匣子”，你也就无从知道孩子到底怎么想、心里到底是什么滋味。

家长应该有这样的意识：当孩子还小的时候，往往思路都是跟着大人走的，你给他们一个开放性问题，他们会给你各种回答；你给他们一个选择性的封闭问题，他们可能就只会回答几个字。所以，一定要巧妙

引导孩子回答你的问题。

2. 组织、整理孩子的语言

有很多孩子很早就能够说话，不存在表达上的障碍，但是在年幼的时候，孩子可能还会出现语言逻辑不通顺的问题。因此，许多家长不爱跟孩子交流，就是因为听孩子说话根本没法领会他们的意思，会让家长发“晕”。

其实，换位思考，当我们从孩子的角度出发，就会发现一个大脑还没发育完全的小孩，要在几年之内掌握汉字的语法、句式并且准确表达，绝对是一个相当难的事情。要不是仗着母语的优势，再给他们十年时间孩子也不一定能把中文学通顺呀！所以，他们讲话时内容常常没有重点，这也是很常见的事。

也许这听起来会让人着急，甚至失去耐心，但家长绝对不能打断他们，更不要因为孩子表达不畅就训斥或者笑话他们。我们应该做的是更加仔细地倾听，然后帮助孩子将所说的内容进行组织与整理，再复述给他们。这样不仅可以更好地理解孩子的意思，明白他们的情绪，他们也能从父母那里更好地学会表达。

如果我们不这样做，而是因为自己不懂孩子在说什么，又没耐心去倾听，就草率地敷衍，就绝对会打击孩子向父母主动表达的积极性。长此以往，谁还愿意跟你表达自己的内心想法呢？你再想走进他的内心就难多了。

3. 针对孩子的表达给予补充

孩子想要一次性表达复杂的情绪或者心理感受，是非常难的一个过程，这就是我们说的“心有千言，一时语塞”，虽然他心理感受很复杂，可是他的词汇量、解释能力都不允许他完整地表达。这种时候，家长如果着急或者大声训斥孩子，甚至越俎代庖地说“我知道你现在怎么想的，你不用讲了”，这就会减少他自己说出来的机会，让孩子失去积极性，下一次他们就不愿意跟父母交流情绪。

在孩子不能清楚表达自己问题的情况下，可以给予一定的启发、引导或者是鼓励，让孩子一点点来、慢慢表达，不至于因此变得着急、焦躁，更不会因为焦躁而失去“说”的主动性。一般情况下，在情绪保持稳定时，孩子的思路就会清晰得多，完整表达自己的可能性更高。到时候，家长再营造一个轻松的气氛，孩子就可以保持高昂的想“说”的欲望，下次再遇到类似的问题，他就可以轻松地表达出来了。

4. 让孩子感受到你的鼓励和认真

别把自己的孩子想得太“傻”，我们是采取敷衍的态度应对他们，还是用郑重的方式鼓励他们交流，孩子都能体会到。

就像我们之前说的，应该重视与孩子的交流，如果孩子有倾诉的欲望，哪怕手中有一些工作也尽量要停止——工作什么时候都可以做，但是与孩子交流话题的机会，也许只有一次。

不管是在什么状态下，以一个轻松的方式跟孩子进行交流很重要，要让他们体会到来自父母的尊重更加重要。如果你注意力不集中、无法对孩子说的话做出及时的反应，他们就能发现你并不重视自己——别诧异，你的孩子可比你想象中聪明多了。这种失望会让孩子减少跟父母交流的次数，时间久了，你大概就会发现自己成了被孩子抛弃的父母。没错，他们拒绝再跟你进行“灵魂”交谈了。

所以，从一开始就对孩子持鼓励态度，并认真对待他们的谈话，这是很重要的。只有在一个互相尊重的环境下，孩子才愿意跟我们谈论一些他看来比较郑重的事情，我们才能真正触碰到孩子内心的真实想法。

“我们一起来玩游戏吧”
——让孩子在各种活动中体会不同情绪

培养一个高情商的孩子，最好的教育地点不是在课堂上，而是在游戏中。

“什么？带着孩子玩？这能让他们学到知识吗？”很多家长一听到这话，第一时间就会予以反驳。在他们眼中，“玩耍 = 不务正业”，只有在课堂上的学习才能叫作学习，只有在课本上“抄写十遍”“背诵三篇”的练习，才能让孩子成长。

事实却并非如此，对年纪尚幼小的孩子来说，游戏和生活才是他们学习的主要来源，他们会在玩耍中找到自己的成长道路。就像小狮子会在和兄弟姐妹的打闹中学会捕猎一样，孩子只有融入群体中，多和小朋友去玩耍，才能培养出高情商。

【案例一】

琳琳妈是我的一个朋友，最近，她将自己的孩子送到了某著名“全脑教育”情商训练班，美其名曰给孩子开发情商、提高交际能力。

“我这姑娘哪儿都好，就是情商低、没眼色，也不会主动跟别人交往，这样以后去社会可怎么发展？”琳琳妈“目光长远”，已经看到了孩子今后的问题，所以非常想改变。

训练班的价格可不便宜，一学期就要上万元，家长们愿意把孩子送去，实在是因为这些孩子或多或少都有些交际上的小问题。几节课上下来，我感觉琳琳确实有点变化，比以前活泼多了，可是琳琳妈却有点不满意。

自从她知道辅导班就是带着孩子进行花式“玩耍”之后，常常抱怨“这钱花得不值”。这倒也是，在家长眼中，要只是玩耍的话，孩子在家玩不行吗？还能省钱呢！

但是经过我的了解，才发现可不是这么回事——琳琳在家的时候，爸爸妈妈压根儿就没给她跟别人玩耍的机会。从小，只要离开学校，妈妈就立刻将她接回家，因为外面太危险等原因，在平时压根儿不让琳琳跟朋友们玩。没有接触小朋友的机会，她也没怎么体会过跟大家玩耍的感觉。

所以，琳琳不是情商低，是压根儿没有培养情商的环境，她又怎么能无师自通学会热情交际呢？

就算以高价给孩子报个辅导班，将孩子送到专门的情商训练营去上课，孩子们的主要课程也都是玩。既然如此，为什么不让他们科学地在家中玩呢？这笔账，相信家长们都能算得过来。

俗话说得好，“实践是检验真理的唯一标准”，培养孩子的情商，塑造他们良好的个性，就必须要通过实践来进行。仅仅是口头上的教育就太空泛了，孩子根本听不懂您在说什么，但只要转到实际生活中，他们自然而然就知道该怎么应对，就能从我们的引导中学会正确地处理。

多带孩子参与活动、游戏玩耍，最大的好处就是能让他们学会控制情绪。独自一人的时候，我们可能更多地关注自己的情绪，但进入群体中，他人的情绪也必然会影响你我——谁还不是自己的小公主呢？对正处在“全世界以我为中心”这种认知阶段的孩子来说，能够进入一个同龄人的群体，对他们的成长和情绪体验更有益处，因为他们会认识到——原来我不是世界中心，原来我还要照顾别人的情绪。

当有了这种感悟，孩子们就会自发地去探查周围朋友的情绪，并学会应对处理、学会体谅安抚别人等，这些“高情商”的表现，都是在集体活动中培养出来的。

【案例二】

依依在妈妈眼里是个比较“独”的孩子，也就是我们说的“以自我为中心”。大概是独生子女的缘故，依依很少在乎别人的感受，常常表现出自私的一面，这让依依妈感到有些担忧。

果然，进入学校后，依依经常闷闷不乐地找妈妈倾诉：“今天老师评选班委，都没有人选我，最后我只能当科代表了。可是我想当班长！”对此，依依妈只好劝慰她：“你想当班长，别的小朋友也想啊，是不是？所以，咱们也得学会把机会让给别人，科代表不是也挺好的吗？”

这样的情况发生了很多次，依依因为不太关注周围人的情绪，经常和朋友闹别扭，比如同桌难过的时候，她不仅不去安慰，还在旁边开玩笑，导致同桌跟她生闷气。这让依依妈感到非常担忧，自己孩子的性格该怎么教育呢？

可还没等她想到办法，就发现依依逐渐有了好的变化。大概是她在集体中逐渐摆正了自己的位置，也能够关注别人的情绪了，所以过去“自私”的一面逐渐减弱，反而变得善解人意、能关心别人了。当依依学会关心父母的时候，依依妈才发现孩子在集体中成长的好处。

为什么我们常说，孩子一上学就“长大”了呢？其实，并非是孩子在身体上的成长变得明显，而是他们的心理迅速成熟了。在同龄人的社会群体中，孩子能够逐渐摆脱幼儿时期“以自我为主”的思考方式，开始学会关心他人、关注他人的情绪，也就能让自己的情商不断提高。人是社会动物，在群体中成长的好处不必多说，而我们要培养孩子的好性格、好情绪，就一定要舍得放手，让他们在群体中独立地活动，相信他们会成长得十分迅速。

正确的培养方法：多让孩子游戏玩耍，更能完善他们的个性

完善孩子的性格，帮助他们学会体验情绪，进而学会控制情绪，大概是令不少父母十分头疼的事。没别的，这个“任务”实在是太抽象了。

不像学习上具象化的任务，家长只要教孩子几个字、几首歌就能达成目标，在孩子心理上的教育反而更有难度——怎样才算是让孩子学会“体验情绪”？什么表现才是比较健全的个性呢？这可真没有一个标准参考。

所以，这个“教学任务”说难也难，可说简单也非常简单。性格、情绪上的教育，都属于情商培养的一部分，家长只要带着孩子多参与各种活动，带着孩子从各个方面“玩耍”，就能够让他们快乐成长。

活动一、在游戏中让孩子体验情绪

孩子在日常生活中体验不同情绪的机会较少，我们可以让他们在游戏中通过模仿等方式，来表现一些情绪。比如“我比你猜”之类的游戏，可以很好地锻炼孩子对情绪的理解能力和传达能力，孩子在玩的过程中就经历了一个从认识到理解、再到表达的完整流程。

【游戏一】你比我猜

（1）家长来表演一种情绪，比如用皱眉表示生气，用擦眼泪的动作表示伤心等。

（2）让孩子来猜，爸爸妈妈的动作表示什么情绪。

（3）如果孩子猜对了，则交换对象，由孩子来表演，家长来猜；如果错了，家长继续表演。

【游戏二】我是大明星之角色扮演

（1）选取一篇比较生动的童话故事或剧本，和孩子分工表演其中的角色。

（2）可以根据孩子的年龄段，对故事进行有目的的选择，一定要以吸引孩子兴趣为主。

（3）一起研读剧本，帮助孩子分析角色的心态，体会情绪，以便更好地表现出来。

以上这些游戏，都能够帮助孩子慢慢体会他人的情绪，并学会“感受”和“理解”，并最终掌握如何“控制”。这是一个需要成长的过程，任何人都不是天生的高情商，所以家长可以在生活中帮助孩子达成这一成长目标。

活动二、多让孩子参与集体交流

同龄人之间的共同点会更多，所以孩子在跟同龄孩子交往的时候，往往更能够互相理解对方，我们就可以让孩子多在交往过程中观察朋友的情绪，体验对方的感受，一方面可以让孩子更加体贴，另一方面也能让孩子学会体验和掌控情绪。

有些家长总爱把孩子当作“小棉袄”，恨不得走到哪里穿到哪里，藏着掖着不想让别人见到。虽然这可以给孩子营造一个360°无死角的防护环境，但也限制了孩子与其他人的正常社交活动。若想让孩子在群体中有个好人缘，能够充分、深入地参与活动，就一定要学会狠心，就算看到孩子在交往中闹了什么矛盾、有了什么小磕碰，也不能插手干预，更不能因噎废食，就此将孩子拘在家里。

活动三、带孩子学习音乐、舞蹈等艺术

我们所说的“学习”，并非是为了学习音乐舞蹈的技巧，也不是专业的培训，而是以“娱乐”和“感知”为主的学习。比如带孩子听一段美妙的音乐，让他们想象某些场景，根据自己想象的场景和故事，伴随着舞蹈翩翩起舞；让孩子根据父母编的舞蹈，来猜测我们展现了一个怎样的故事。

这个过程不仅可以提高孩子的艺术鉴赏力，还能加深他们的理解力，尤其是对情绪的理解。我们可以用舞蹈来表现感情，跟孩子一起进行探讨，他们就能更加感性、更能正确地理解情绪。

活动四、通过绘画来排解自己的情绪

鼓励孩子将自己的想法“画”出来。每当他们产生了正面或负面的情绪时，都可以给孩子一支笔、一张纸，让他们用自己想要的方式将现在的感受画出来。你会发现，孩子天生就是创作家，他们能用无意义的线条和色彩向你展示自己现在的情绪，可能比语言上的交流更能让你了解孩子的内心世界。

与此同时，他们也能通过这种方式充分排解，既能纪念愉快的情绪，也能排遣负面的情绪，可谓一举多得。

“我就是特别腼腆”
——别让孩子给自己贴上情绪“标签”

很多家长常常面临这样一种困扰：“为什么我一直引导孩子不要害羞、要勇敢，他却越来越内向呢？”越是通过各种方式锻炼孩子，孩子就越是畏缩不前，甚至出现“自暴自弃”的逆反表现，最终家长们也只能归结于：“我的孩子天生就是内向害羞，不爱交际。”事实真的如此吗？

家长朋友们，别再把这个标签甩给孩子的性格了，天生的害羞显然不应该成为借口。更多时候，家长需要审视自身——是不是你太强调“害羞”这个概念了？

对孩子而言，害羞最开始只是不可控的一种短暂的情绪，这样的情绪人人都存在。哪怕是作为成年人的您，要是乍然站在聚光灯下受到万众瞩目，也一定会两股战战、心跳加速、嗓音颤抖吧！这就是紧张、害羞的表现。

“这种情况能一样吗？除了总裁明星，谁遇到这种情况不紧张啊！”

您要是这么理解，那就更应该懂得孩子为什么害羞了——对成年人而言，聚光灯下万众瞩目是陌生的、会让人紧张，对尚未接触世界的孩子来说，成人眼中的“正常”行为也会让他们感觉陌生。其实，你的孩子没那么害羞，他只是还没学会适应。

然而，这样的情况出现几次，家长就会传达给别人这样的概念：“我的孩子就是害羞腼腆。”孩子从此被贴上“害羞”的标签，反而会让他们格外注意自己的行为，不自觉地变得“刻意”害羞起来。

这并不是孩子故意与家长作对，而是他们接受了父母给予的“标签”，因为年幼时对父母的依赖与信任而为自己“洗脑”了：“爸爸妈妈说我是这样的，我就是这样的。”

比如下面这个故事，你是否能看到熟悉的影子呢？

【案例一】

三年前，我跟着姐姐一家去亲戚家探望。亲戚家有个6岁多的男孩，长得眉清目秀、特别乖巧，与我同去的小外甥是同龄人。看着亲戚家的孩子这么乖巧可爱，自己的儿子却“猴”似的停不下来，姐姐羡慕地说了一句：“你家孩子可真乖，一点都不像我儿子。”

“什么呀，这孩子就是胆小，特别腼腆，出门都只跟着我走，也不知道随谁了。”孩子妈妈笑着随口说了一句。

我知道，她的语气中虽然的确有苦恼，也带着一点故意的谦虚和对孩子“乖巧”的认可，但小朋友自己可听不出来。在妈妈说那句话之前，他虽然眼神中带着对陌生人的害怕，但是看到我同龄的外甥还是眼前一亮，试探着想接触他。可是听到自己妈妈的话，这孩子就又退了回去。抱着她的腿，死活不肯松手了。

这就是家长在给孩子“贴标签”。最开始孩子的确有些害羞腼腆，他用这种行为自我保护，通过“害羞”来回避跟陌生人的交流，从而待在自己的“舒适区”中。远离害羞情绪，第一步就是要走出“舒适区”，去尝试做自己抗拒的事情。有的家长会牵着孩子的手一点点将他引导出来，有的家长则比较粗暴，从背后来上一脚，直接把孩子“踹”出这个心理圈子，强迫他接触外界；还有家长就像故事中的妈妈一样，不仅没有把孩子拉出来，反而牢牢圈住他：“别怕，有妈罩着你呢！”

在口头上强调“我不想让孩子害羞”，却在行为上给孩子提供了害羞的环境，甚至阻拦他们去接触世界，孩子就会把这种短暂的情绪发展为性格，在不需要害羞的场合也变得腼腆，而且愈演愈烈。

贴标签的行为让孩子变得越来越容易往标签词汇的方向发展。同样，拆除标签、不再提起这些词汇，反而容易让孩子改变自己。

【案例二】

铭铭和贝贝跟着铭铭妈去公园玩，临出门前，贝贝妈笑着“吐槽”了自己的孩子：“我带他去过了，他胆子小，连滑梯都不敢玩，你就带他散散步就行。”看看贝贝安静胆小的样子，铭铭妈觉得这应该是真的。

果然，铭铭去滑滑梯的时候，贝贝的确很扭捏，眼睛里全是害怕和胆怯，拉着铭铭妈的手站在一边。在铭铭妈多次询问下，贝贝才怯生生地说：“我不敢。”可是看到铭铭玩得开心，他分明眼睛里闪着光、跃跃欲试。

“你可以去试试那个矮的，我在下面接着你，不会有危险。”

“我……我真的可以吗？”

铭铭妈还以为贝贝又要拒绝，没想到竟然一点儿也没有。最后在妈妈的鼓励下，贝贝终于上去玩了一次。

这一下算是打开了他兴趣的闸门，这孩子一直玩到天快黑了还不想回家，而且玩滑梯的时候高兴地又喊又叫，显得一点都不胆小。最后，这孩子还主动提出要求：“阿姨，我可以再玩一小会儿吗？”

这还是他妈妈口中那个害羞、胆小的小家伙吗？

看，当我们将标签贴在孩子的身上时，被标签束缚的不仅是孩子，更是我们自己的思维。从此我们将孩子的“害羞”“暴躁”“悲观”看作常态，这就让家长带着偏见去看孩子，下意识地不再从一些方面下“无用功”。他们一看孩子退缩、失败了，就想“早知如此”，而不是鼓励孩子“再接再厉”，无形中阻断了孩子发展的路。

正确的培养方法：帮助孩子克服害羞时，避免使用标签性形容词

俗话说“光做不说傻把式”，但教育孩子就是要做“傻把式”。桃李不言，下自成蹊，家长的教育不需要挂在嘴上，用行动来证明，更能培养出茁壮成长的小树苗。将教育方法自然融入生活中，你会发现孩子还没有认识到自己的缺点呢，就已经改正缺点了；一味地死板说教、总是将“标签”挂在嘴边，只会让他们更清楚地认识到自己“有缺点”，却不能提供什么具体的帮助。

家长们可以按照以下几个原则来进行教育：

1. 不要负面标签，也不要过分夸张的正面标签

“标签”词汇有非常典型的缺陷——特别概括。比如孩子今天主动跟别人打了一个招呼，你夸奖他“打招呼时很有礼貌”和“你是个有礼貌的孩子”，这两者就意义不同。前者不是标签性词汇，你具体说到了孩子的行为，这让他明白——主动打招呼很好，是有礼貌的，我下次还要做。但后者太笼统了，如果他明天在公共场合大声喊叫，是不是就是“没礼貌”了？

即便是年幼的孩子也不是“纸片人”，虽然他们有时简单得一眼就能看透，却也不是一两个词汇就能概括得了的。用笼统的词概括了他所有的行为，很容易导致孩子片面地认识自己。所以正面标签、负面标签都尽量不用。一旦他对这个标签产生自我认同，再改正就很困难了。

要记住，大多数孩子在一开始都是按照父母的期待去成长的，你给孩子什么“标签”，孩子就可能长成什么模样。

鼓励孩子是值得肯定的，从父母这里获得的支持是孩子最需要、也是传统教育中最缺乏的。但正面的标签也得尽量少用，尤其是过于夸张的、不符合孩子本身行为的，用太多会让孩子产生自满的情绪、错误的认知，甚至给孩子带来压力。

2. 先改变自己对孩子的认识，再去教育他们

即使一个腼腆害羞的孩子，也并非没有活泼开朗的一面；一个看起来笨拙木讷的小孩，也不是没有灵光一现的时候，孩子就是个“多面体”，任何标签都不应该出现在我们的脑海里，它让孩子从一个生动的“人”变成了一个“模板”，未免太单薄了。

你希望自己的孩子变成“模板”吗？先别说“肯定不”，整理整理大脑中关于孩子的资料，看看你对他们的认识里有多少“标签”吧！不改变认识，我们永远不能真正远离“标签教育”。

当父母形成“标签”认识时，哪怕没有说出口，也会对孩子造成影响，因为这种认识会影响我们的行为。比如你认为孩子“害羞胆小”，就会下意识地不期待孩子勇敢的行为，就像案例中的妈妈，当别人要带孩子去玩滑梯，她首先想的不是“这是一个让孩子走出害羞的机会”，而是“我试过了，没用，他就是这样”。这种否定，就来自父母内心对孩子的刻板认识，这让他们在教育孩子时想法“变少”了，无形中就影响了孩子的发展。

3. 创造打破“标签”的机会，让孩子有更多机会远离害羞

很多家长给孩子贴“害羞”的标签，但他的孩子几乎没有几次害羞的机会。有的孩子升学的时候会格外沉默腼腆，家长就觉得孩子“爱害羞”，其实他们适应环境后表现很好；有的孩子平时在熟人面前、在家庭和学校中都非常自然，但是一遇到人多的场合、有陌生人就特别害羞，于是家长也觉得他们会“害羞”。

他们“害羞”的次数很少，只是反应太强烈了，所以给家长留下了这种印象。出现这种情况，往往是孩子对特殊环境不了解，因为陌生而产生的恐惧、不适，所以害羞。我们要做的就是给孩子增加体验“害羞”的机会，这样在偶尔遇到类似环境时，他们才能游刃有余。

平时多带孩子打破“标签”，鼓励他们去做跟“标签”相悖的事，比如经常带孩子参加聚会、让孩子在家中玩模拟演讲游戏、带孩子去接触陌生的小伙伴……这些都是在创造机会让孩子远离害羞。只有多练习才会熟练，在培养孩子情绪性格上也是如此。

4. 在语言上淡化孩子的“害羞”行为

当你的孩子出现“害羞”情况时，请注意语言上的表述。

不要出现标签词汇，尽量将描述具体化。比如评价孩子的行为时，不要说“你太害羞、胆小”，而是要说“今天为什么躲在妈妈后面？其实你可以往前走一步，叔叔阿姨都很喜欢你”，明确点出孩子的行为哪里不太恰当、应该怎么做，孩子就知道哪里有问题、该怎么改了。一个标签词贴上去，可能孩子还不清楚哪里错了呢！

要注意，尽量将孩子的问题从积极的方面说。孩子害羞、在陌生人面前不说话，不要问孩子“是不是害怕”，委婉一点说“妈妈知道你也想打招呼，是不是不知道该叫什么？来，叫叔叔”。这种方式给孩子找一个“台阶”下，也容易引导他们从标签化的自我认知中走出，从而形成良性循环。

“我不敢，你陪着我吧”
——引导和陪伴让孩子更好地控制情绪

不管孩子是过于害羞腼腆，还是活泼外向到让人招架不住，家长在教育的过程中都需要注意一点——

孩子的成长，始终需要你们的陪伴。

父亲角色在儿童成长中的缺失，却是社会上很多家庭面临的问题。孩子在成长中，如果没有父亲的引导和陪伴，就相当于失去了一根拐杖、丢掉了一只鞋，怎么也走不好的。

在双职工家庭中，更有许多家长是父母双方都在教育中“失踪”了。也许您很爱自己的孩子，也愿意陪伴他们，但因为种种原因，没能在他情绪发展、性格塑造的过程中进行引导，同样会对孩子造成一定影响。

【案例】

钟钟是个开朗的小男孩，他特别有幽默感，很爱跟朋友开玩笑。所以，当我知道他曾经有一点抑郁倾向的时候，是非常意外的。

“那时候我和他爸爸都在外面工作、上学，孩子奶奶带着他。钟钟上幼儿园的时候就特别怕生，连续去了半个学期，孩子奶奶就告诉我们，他好像不太对劲。”钟钟妈这样说。

回到家她就发现了孩子的不对劲，去医院一问，才知道他现在有些抑郁倾向。为了让孩子从整日闷不吭声、经常烦躁哭泣的状态中走出来，钟钟妈调回了家乡，每天花大量时间陪着儿子，去公园游戏、去郊外野餐，引导他学会享受快乐。

在妈妈的陪伴和教导下，钟钟很快开朗起来，还培养出了一定的幽默感。钟钟妈常常教他自嘲，学会拿自己开小玩笑，每次钟钟都能把自己逗得很开心。有时，妈妈还会给他准备一些小惊喜，比如上学前偷偷给他塞一支新钢笔，然后写一张惊喜纸条，这能给钟钟带来一天的好心情。

这样坚持了两三年，孩子终于变得开朗又乐观。我听完这些，自然知道这一切都跟钟钟妈认真的教导有关。

很明显，钟钟的变化正是源于有长辈在身边无微不至的照料和帮助。也许一开始，这孩子的抑郁倾向就来源于父母长期不在身边，而母亲的陪伴，则从根本上改变了他的人生。教育教育，不仅要“教”，还要“育”，这绝不是简单的口头说教，而是融入日常生活中的陪伴和引导。

也有些家长，明明花费大量的时间在陪伴孩子，甚至将自己工作之外的全部时间都留给了他们，可以说是跟孩子“形影不离”，但孩子还是觉得父母并不是很关心、了解他们，这又是怎么回事呢？

出现这个问题，当然不是孩子“贪心不足”，而是我们没有进行高质量的陪伴，没有让孩子感受到来自父母的关注和安全感。有些家长虽然一直跟孩子在一起，但这段时间中跟孩子的交流却很少，我们可能忙着照顾孩子的物质生活，或者口头上说教批评孩子，并没有给他们传递幸福和快乐，也就无法让孩子的情绪变得积极起来。

“别在桌子上趴着，快点去做作业”“妈妈刚擦干净，你又给踩脏了”“说多少遍不可以，你还是不听”……这些话是否听起来格外熟悉？每个居家的父母似乎都遇到过这样的情况：每天都跟在孩子后面收拾，可他们还是淘气地到处捣乱，只好时刻都处于烦躁之中，无时无刻不在训斥孩子。

这也是一种陪伴，但给彼此都带来了负面的影响。孩子因为家长的训斥而接收到负面信息，而家长则把孩子看作“破坏精”“捣蛋包”，别提多发愁了。一旦进入这种状态，就不再是我们所说的“陪伴”了。

父母陪伴孩子、参与孩子的成长过程当然是重要的，但这种陪伴一定要是积极的，才能让孩子充分感受到幸福和爱，这就是我们所说的“有效陪伴”。有时，虽然你和孩子在一起的时间不短，但这段时间里做的事情却不是孩子想要的，孩子就不会感受到被陪伴的快乐，甚至抵触父母的陪护。

正确的培养方法：有效陪伴孩子，引导孩子塑造积极情绪

当今社会，做什么都讲求一个效率。家长朋友们在每日研究如何高效工作之余，也请别忘了想一想怎样高效地陪伴孩子。

我们所说的这种“高效”，并不是指要压缩陪伴孩子的时间，而是将这些时间转化为“有效陪伴”，让孩子能够在和父母相处的过程中，始终得到良好的指引，始终能跟父母进行有效的沟通，这样才能对他们的情绪改善和性格塑造产生积极的影响。

要做到这一点，需要家长们从以下几个方面入手：

1. 陪伴孩子时，应该做到专心

许多家长总说，我们要陪伴孩子成长，要在孩子的生活中担当一个

重要的角色，但他们做的却只是跟孩子待在同一个空间当中而已。不知您是否出现过这样的情况——

说要陪着孩子去游乐园，却只是完成了带孩子去游乐园的任务，一路上不是忙着给别人打电话，就是在处理周末带回家的工作，只要有时间就低头看看手机或想自己的事情，对孩子的需求反而不那么关注。

这种“陪伴”，换句话说，不过是和孩子呼吸着同一空间的空气，对双方的沟通和交流并没有什么好处，对孩子而言，你们之间的距离还是那样遥远。

一个人的成长是不可逆的，陪伴孩子成长的机会只有这一次，我们不妨全身心地沉浸在和他们相处的时间中，多多跟孩子进行沟通交流，询问他们内心的想法。这既能让孩子感受到我们在关注他、给他提供足够的安全感，又能让我们加强对孩子的了解，帮助他们更好地塑造性格。

2. 我们的陪伴应该具有目的性

这并不是说我们要带着功利性的目标，在陪伴孩子的开始就给他制定一个要达成的任务，比如“读多少页书”“看一个电影”之类，而是说我们应该在陪伴孩子之前就有这样的意识——我们想要传达给孩子一些东西，想对他们的成长做出积极的响应。

比如，当我们带着孩子在周末去公园玩的时候，就可以在出发前告诉自己：今天我要让孩子保持愉悦，要和他一起享受这段时间，并能从观察自然、体验游戏的过程中感受到快乐和积极的情绪。

这样在接下来的游玩过程中，我们就会有意识地引导孩子向这个目标前进，能够更好地与他高效地享受互相陪伴的过程。

3. 陪伴孩子的时候，更应该拉近和孩子的距离

传统的父母总希望跟孩子保有一定的距离感，希望自己在孩子面前拥有父母的权威，这样可以帮助他们更好地教育孩子；现代教育中我们强调的却与之相反，拉近距离、打破父母和孩子之间的年龄差异、放弃我们过去拥有的权威是一切教育的前提。只有和孩子之间保持互相尊重，我们才能更好地以一个先行者的身份去引导、教育他。

所以，我们没必要随时和孩子待在一起，时刻关注乃至于监视着他的生活，哪怕双方留一些自由的空间，也不妨碍我们跟孩子的心灵靠得更近。

其实，我们所言的“陪伴”侧重于交流，父母和孩子之间的沟通、交流必须要保持在每天半小时以上，这是很重要的。也就是说，如果你每天能跟孩子密切交流半小时，其实，这种短期的陪伴就已经足够发挥作用了，甚至比一天天跟在他们身边更有效。

第三章 让孩子走出情绪世界的“阴雨天”

“为什么我不可以生气？”
——教会孩子正确地发泄不良情绪

没有永远阳光明媚的天气，也不会有永远积极快乐的人。不管成人还是儿童，只要我们有心情愉悦的一刻，就有相对低落的时候。情绪的起伏就像天气一样难以捉摸，唯一可以预计的是，我们总会有受到不良情绪影响的时刻。

对孩子来说更是如此。家长们可能都有这样的经验——对成人来说不痛不痒的几句话、一件小事，对孩子来说就可以成为“天塌了”一样的大事，很容易引起他们的负面反应。孩子们的脾气又各有不同，有的孩子相对比较冷静、稳重，不会把不良情绪表现在外，而是喜欢闷在心里，甚至粗心的家长都有可能发现不了；有的孩子则十分外向还比较急躁，一旦有让自己不开心的事发生，都会转化为一个表现，那就是“我生气了”。

这些孩子，都需要家长的引导，才能正确发泄自己的不良情绪。

【案例一】

4 岁的当当非常爱发脾气，被妈妈认为“三岁看大，七岁看老”，长大以后也是个脾气暴躁的孩子。有时只是在饭桌上说了当当两句，妈妈还以为他听不太懂，没想到这孩子就产生了剧烈的情绪波动，甚至因此“摔碗砸筷”，常常搞得一家人手忙脚乱。

这样的急脾气真的没办法解决吗？并不是。当当在幼儿园时就比较会控制自己的情绪，妈妈仔细询问了一下，才发现功劳在于老师的引导。

每次当当因为一些不顺心的事想摔东西、发脾气，老师就告诉当当：“咱们说好的，要生气的时候先数十个数字，然后深呼吸三次，你忘了吗？”当当就照着老师说的去做，然后就稍微平静下来了。接着，老师会让当当把自己生气的原因说出来，让老师给他合理解决。

渐渐地，当当就学会了在幼儿园控制自己的坏脾气和坏情绪，但在家中，则因为环境的转换没有意识到这一点。妈妈知道后，就让当当时刻这样做，在家中也如此提醒他，很快他就学会用“说”来表达负面情绪了，而不是直接动手。

对孩子来说，负面情绪的出现就像在白纸上沾染了墨点，是无论如何也难以忍受的，所以不少幼儿都会选择较为极端的方式来告诉父母——“我现在特别不高兴！”

可是这种方式并不恰当，所以父母不仅看到了孩子备受负面情绪困扰，还看到他们不礼貌、没耐心、不尊重他人等表现，关注点自然转移到这方面，反而忽略了孩子现在正处于情绪上的“不适”当中。

这样一来，孩子迎来的只会是一场教育和训责，负面情绪不但没有消退，反而进一步加重了。其实，这个过程我们不仅没有帮助到孩子，也很难让他们认识到“我做错了事是因为发泄情绪的方法不对”，争取下次改正，他们还会觉得委屈、觉得是父母不关心自己呢！所以，我们下次遇到这类问题，应该学会“治本而不抓标”，从根本原因入手，教会孩子发泄负面情绪，他们自然就不会再做出不恰当的行为了。

【案例二】

当我看到欢欢的时候，她正躲在教室后面偷偷哭泣，我走过去问她："孩子，你为什么哭呢？"

欢欢说："同桌拿我的钢笔玩，给我摔坏了，我很难受……"

我赶紧宽慰她，让她将情况告诉老师，同桌肯定会赔给她一支的。可是欢欢却摇了摇头，说："我不敢……妈妈说了，爱哭的孩子不好，我不敢跟老师说。"

仔细询问后，我发现欢欢对"哭"非常敏感，不喜欢别人说她爱哭，更不爱在别人面前表现出自己难过伤心、想哭的一面。因为她性格比较软弱，经常受到妈妈的教育，妈妈让她不能随便哭，所以欢欢下意识地排斥让家长、老师知道自己哭了。这样一来，她也间接地学会了隐藏自己的情绪，经常有很多难过的事情偷偷憋在心里。

其实，父母想让软弱的孩子坚强起来、让暴躁的孩子收敛脾气，这都是一些好的目的，但我们也免不了"好心办坏事"。仅仅因为孩子不太会发泄情绪，就简单给孩子传达"你这样不对"，很容易让孩子认为"这种情绪也是不应该有的"。而这种误解，会让孩子在之后产生类似情绪时，因为父母的教育而不敢表现出来。

如果说父母是孩子最大的依靠和安全感来源，那这种误解就会让我们将孩子从自己身边推开——孩子再也不敢在我们面前表露他的这种情绪了。长此以往，不仅对孩子的心理成长、情绪发展有负面影响，也会让我们跟孩子疏远。

因此，我们要始终给孩子传达一种信息——爸妈一直在你身边帮助你，这种角色定位可以让我们更好地影响孩子的性格建设。哪怕是提出一些不赞同的想法，我们也要用帮助他的态度去传达，千万不能简单粗暴地评判“这不好”“那不行”，理解力有限的孩子可能真的会误解哦！

正确的培养方法：耐心引导，传达给孩子正确的发泄方法

面对孩子不会正确发泄情绪的问题，家长的正确引导非常必要。

首先，家长应该找寻孩子为什么不会用正确的态度来发泄情绪的根本原因。有的孩子是并不明白自己这一刻的感受是什么，只是冲动之下做出了错误的应对；有的孩子则是成长环境影响，让他习惯用这种方式表达感情，并从中获得最好的回报。

就发脾气这件事而言，我曾经见到过这样一个孩子。

阳阳今年三岁，每次不高兴的时候他总喜欢采取两个行动，第一是坐在地上，第二就是哭！这种方式每每弄得家人手足无措，一定要将他哄好了，他才肯站起来。

原来，阳阳的奶奶很宠爱他，只要阳阳有要求就尽量答应，从来不违背他的意思。一旦有让阳阳不开心的地方，只要孩子坐地上哭了，奶奶就着急地到处想办法解决。这样一来二去，阳阳就发现“耍赖”这一招非常有用，从此成为表达自己不满的标志性反应。

阳阳这就是一种被无意识“训练”出来的坏毛病。谁都知道，孩子这种表达情绪的方式是错误的，但是我们往往因为自身的纵容，导致孩子认定这种方式是最有效的。儿童是最天真简单，但又最聪明敏感的生物，他们太会抓住父母的弱点了，所以您的孩子要是也有类似情况，不必猜，肯定是你们曾经向他妥协过，让他学会了这种方式。

找到原因，我们就得针对性地进行解决，帮助孩子选择正确的发泄情绪的方式了。

窍门一、别把自己和孩子划分到两个阵营中去

很多时候，孩子发泄情绪的方式不对，在家长眼中就是做错了事。一旦有了这种认识，家长会立刻将孩子和自己划分到两个阵营中去——自己是教育他的一方，而孩子是受教育的一方。

一般在这种情况下，我们的态度都不会特别好，而这很容易让本来精神就不佳的孩子更加感到委屈，并激起他们的逆反心理，对教育他们、帮助他们改进反而没有一点好处。所以，我们首先要做的就是把自己和孩子划分到同一个阵营当中，先表达对他们的理解，然后再针对性地给他们提供帮助。

要记住，你们不是他们的敌人，而是孩子的父母，你们应该是给孩子提供安全感、提供引导和帮助的，而不是站在他们对面咄咄逼人。用暴力来管制暴力的方式在教育中最不可取，若我们能用耐心的方法，让孩子先敞开心扉接受我们，他们听取建议的比例会更高。

所以，先跟孩子站在一边，拍拍他的肩膀，告诉他“我理解你为什么会这么做”，再来说“但是我们的方法可能有些不对”，相信你的孩子会更容易接受你。

窍门二、偶尔出现不正确的情绪发泄，也不必太过计较

再有自制力的人也会偶尔出现失控的情况，更何况尚未成长起来的孩子呢？即使我们告诉孩子，有不良情绪的时候要向家长寻求帮助来解决，他们也有无法控制自己的时候，偶尔就会容易出现情绪失控的现象。

面对这种情况，家长不用太紧张，我们只要在孩子冷静下来之后，跟他们分析一下这样做的不良后果有哪些，让孩子们知道这并不是一件好事，他们就会逐渐明白自己的行为意味着什么，并进行一定的自我约束。要是我们特别夸张地面对问题，将它渲染为一件大事，就容易给孩子造成家长不理解他的印象，也容易给他留下“我在这方面就是有缺陷”的暗示，反而让孩子对自己的要求降低了，以后出现这种问题的可能性会更高。

窍门三、家长应以身作则，营造一个良好积极的家庭氛围

如果我们自己都无法正确地发泄情绪，一遇到不顺心的事就大吼大叫，又如何让孩子学会正确表达情绪呢？一个和谐友善、积极向上的家庭氛围，对孩子成长的影响是巨大的，如果时刻充斥着吵闹与争执，孩子将长期处于不安的状态，整个童年都笼罩在缺乏安全感的环境下，这很容易让孩子远离积极性格，失去保持乐观的勇气。

一个和谐温暖的家庭，有家长潜移默化的影响，孩子在面对同样事情时应对表现也会更加积极乐观。可以说，我们的一举一动直接影响着孩子，你现在是什么样子，你的孩子长大后就是什么样子。

窍门四、让孩子知道不正确的情绪发泄会带来怎样不良的后果

对小孩子来说，他们之所以常常会做出不计后果的事，是因为他们压根儿不知道这样做后果是什么。所以，如果我们的孩子经常用不正确的方式来发泄自己的情绪，就应该让他们知道后果怎样。

假如他们喜欢将不好的情绪闷在心里、不向别人表达，我们就要给他们讲一讲这样做的坏处；如果他们遇到不顺心的事总用大喊大叫来发泄，我们就应该让他明白——哭，不能解决任何问题。这样，下次他再想这样做时，就会想起父母的教育，想起这样做的后果，自然就会变得谨慎起来。

俗话说“初生牛犊不怕虎”，我们想让孩子学会用正确的方式排遣情绪，就得让他们学会有“怕的”东西，知道什么该做、什么不该做，他们才能走上正确的道路。

“我又说错话了……”
——消除孩子的负面情绪

科学研究表明，当一个人沉浸在同样等级的积极情绪和消极情绪当中时，他受后一种情绪影响的时间会更长。

这大概就是为什么我们总觉得快乐的时光是短暂的，而烦躁郁闷的次数总是特别多。其实，归根结底还是因为我们更容易往消极的方向想，而不容易让自己快乐、开心起来，所以我们在遇到前一种情绪时，总会有“我猜就这样”的共鸣，导致时时想起，而遇到后一种情绪时，就总是想“快乐只是一时的，问题还有很多”，自然就高兴不起来了。

总结起来，还是我们缺乏使自己感到“快乐”的能力。要想让我们的孩子摆脱这种情绪，从个性上变得容易快乐、不易被挫折打倒，就必须教会他们如何快速击退负面情绪。

没错，咱们不仅要打赢这场情绪大战，还得速战速决，这才是胜利者的本色。

【案例一】

林聪刚上小学一年级，被选中成为学校联欢会的主持人，林妈妈和聪聪都很开心。

在学校联欢会开始前，聪聪进行了充分的准备，把主持稿背了好几遍，还是总忍不住问妈妈：“怎么办，我好紧张，我怕我忘词！”

本来妈妈对聪聪很有信心，再说对大人而言，这样一场联欢会根本不是大事，所以她也觉得聪聪不必紧张。但看到孩子这种表现，她却一边安慰鼓励，一边担心起来——要是聪聪真出岔子了，会不会影响他的情绪啊？

想什么来什么，这天联欢会上，聪聪真的因为紧张忘词了。他一下台就哭起来，一直到家还沉默着抹眼泪，不管妈妈怎么劝慰也高兴不起来。林妈妈似乎还听到聪聪说，以后再也不要在大家面前主持了，他害怕丢人。

孩子受到了挫折，就要这样沉浸在负面情绪中走不出来了吗？

孩子虽然大多数时间是无忧无虑的，但总会因为一些事而遭遇负面情绪，而且过去越是顺遂，一旦遇到打击就越容易走不出来。聪聪这种情况，就是被受到挫折后产生的负面情绪影响，如果处理不好就容易留下终身阴影，导致他再也不敢去尝试类似的事情了。

同样的问题，在其他方面也会表现在孩子身上。

【案例二】

上个月欣欣过生日，爸爸妈妈为了庆祝，就满足了她一个小心愿，给欣欣买了她心心念念很久的小鸡作为宠物，这让孩子特别高兴。

看到欣欣能按照跟爸爸妈妈的约定，自己亲自照顾小鸡，科学地给小鸡清理粪便、按时喂食，爸爸妈妈都觉得很欣慰，认为这样不仅能让孩子高兴，还能培养她的爱心和责任感，更能让孩子学会观察、体会成长。

没想到开心了没几天，一次突然的降温把两只小鸡冻感冒了。病了没有两天，它们就相继死去了。爸爸妈妈这才发现买小鸡的隐患——万一小宠物死了，孩子得多伤心呢？

果然，小鸡死了以后，欣欣就一直提不起精神来，她虽然当时哭了一场，看似已经好了，但还是常常一个人坐在小鸡的箱子附近发呆。这还是孩子第一次面对死亡，爸爸妈妈担心她受到的影响太深，就试探地问道：“要不我们给你买一只小狗养吧，它一定能陪伴你很久很久的。”

一般孩子都会快乐地答应，但这次，欣欣却有点惊慌地拒绝了：“不要，我不要养小动物了。”看来，她还是留下了不小的心理阴影。

就像林聪和欣欣的遭遇，孩子的情绪大多来得快、去得也快，但也有些负面情绪与生气、愤怒不同，它们不能在短期爆发，但可以在很长一段时间影响孩子的情绪和行为。比如委屈、伤心、难过等情绪，其实，对生活产生的负面影响更大，有些孩子甚至会记住这种情绪很久，直到长大后还能清晰回忆起来。所以我们不能因为孩子的情绪没有爆发出来，就不关注他，反而应该更主动地帮助孩子消除这种消极情绪。

正确的培养方法：消除负面情绪，家长要主动、深度参与

很多家长都喜欢做“被动式家长”，不爱主动关注孩子的生活细节。这倒不是批评家长不关心孩子，而是我们平时要关心的地方太多了，反而有时会忽略孩子的情绪细节等问题，除非孩子主动表现出来，否则家长都以为一切太平、万事大吉。

举个简单的例子，如果您的孩子现在并没有发脾气、撒娇、开怀大笑，没有做出这些明显的、吸引人的表现，你是否能猜出孩子现在的情绪在什么状态？很多家长可以做到，但也有很多家长会说：

“既然孩子没事，我干吗总是猜他在想什么。”

我们当然不是让家长一直围着孩子转、时刻猜测他们的想法，这不是做父母，而是做全职保姆，但是我们也应该因此意识到——假如孩子不主动表现出来，我们就很容易错过他们的负面情绪时间。

只要孩子不表现出来，我们就不知道孩子是否难过、是不是受了委屈、有没有感到疲惫，这是不对的。要避免这个问题，就要做“主动式家长”，那就是每天主动询问孩子：

“今天你觉得怎么样？今天你快乐吗？有不开心的事吗？”

这种主动的沟通交流，是非常重要的。

除了做主动式家长，我们还要深度参与到孩子处理情绪的过程中，特别是负面情绪。很多时候，家长能够关心孩子，也能提供一个好的处理办法，但下一步他们往往会说：“自己想想我说的对不对。”

提供了方法，灌输了道理，下一步就直接进入操作实践中了，也许对家长来说，自我调节是很显然的事，但孩子还没有熟悉这些方法，我们要做的就不是让他们“自己想”，而是带着他们一起想、一起做。

等孩子可以自主排解情绪了，才是我们撤手的时候。如何做到深度参与呢？我们可以参考下面的流程来进行：

1. 让孩子能充分、清晰地表达消极情绪

有些家长只希望孩子表达积极的情感，比如快乐、激动，但对孩子的负面情绪却是避之不及的，经常给孩子灌输“哭就不是男子汉”“好孩子不随便生气发火”这样的理论，其实就是在暗示孩子——消极情绪是不好的，你不能有。

但是孩子怎么能控制自己不产生消极情绪呢？当他们产生了这种情绪，却被教育着不能表现出来时，就会习惯于积压在心里，时间久了会让孩子越来越内向、沉默，进而影响孩子的性格。

2. 向积极方向转变孩子的情绪

如果你的孩子对别人评价是消极的，或者看待事情的角度比较消极，这种情绪可以由家长改变，因为这些情绪来源于孩子对事物的认知，只要引导他们从另一个角度去认知就能看到积极的一面。如果孩子的情绪是因为事件引发的，比如发生了让他伤心的事，的确伤害到了孩子感情，就需要转移到下一个步骤去解决。

3. 充分倾听孩子的想法，转移消极情绪

我们常说快乐需要和人分享，悲伤也一样。前者分享后会变得更快乐，后者则可以消解悲伤，所以分享、倾听是可以帮助孩子疏导那些消极情绪的，尤其是孩子在感情上的消极情绪。

当他感到不愉快、低落、哀痛、委屈时，家长应该做的不只是劝导，而是让孩子做主角，给孩子倾诉的机会。让孩子向你敞开心扉，然后提一些有帮助的建议，尽量引导孩子往更好的地方想，可以帮助孩子转移情绪。

4. 和孩子进行一些愉快的活动，转移注意力

孩子的注意力比较容易被其他事情吸引走，如果他长时间因为一件事感到消极，最好的办法就是找一件其他事情吸引孩子的注意，让他忘记令自己消极的事情。等到过一阵子再回忆，孩子的消极情绪就会变得很淡了。

当我们的孩子因为某些原因感到压抑、提不起精神时，可以带他们一起去附近的公园散步，度过一个毫无压力的、轻松的傍晚；可以带他们去公园、游乐园玩耍，“疯狂”一整个周末；可以给他们买一个引起兴趣的新玩具，和家长一起痛快玩一通；可以选择听歌、做瑜伽，用音乐与运动解决。

一个短暂的心灵假期，用愉快的活动转移孩子们的注意力，他们会更加开心。

“你感觉好点了吗？”
——给孩子自己处理情绪的机会

前面我们说了，作为家长应该深度参与到孩子消除负面情绪的过程当中，因为孩子的心灵是稚嫩的，他们的世界一切都很新鲜，所以需要我们去带领他们探索。如果我们不手把手地带着他们去探索世界，他们往往无法顺利完成，包括情绪的排遣处理也是一样。

有些家长因忽略了这方面，所以常常觉得自己的教育不到位、没有效果，其实是因为孩子虽然想听话，却不知道从什么地方听起、不知道怎样操作，所以才看不到效果；还有的家长则过于重视这一方面，恨不得直接代劳，每次都将孩子的责任全部放在自己身上，哪怕他们已经可以独立控制自己的情绪了，家长还是不放心。这就是变相地剥夺了孩子自己处理情绪的机会，而没有机会自己处理情绪的孩子，他们将成长得比同龄人更慢。

【案例一】

我的外甥女蒙蒙今年已经六岁了，在这个该上小学的年纪，大部分孩子都已经过了需要人哄的阶段，但蒙蒙不一样，只要有什么情绪波动、受到不良情绪的影响，就一定要别人哄着才能重新绽开笑颜。

我发现蒙蒙本身个性比较脆弱，也就是俗称的“玻璃心”，在生活中遇到自己不喜欢的环境、碰到比较难处理的问题，就只会用一个办法来解决，那就是哭。

您可能会说：“哭能解决问题吗?”这个办法恐怕很多小孩都知道是行不通的，但对蒙蒙来说却是百试百灵，堪称“一招鲜、吃遍天”。为什么会这样呢？主要是源于蒙蒙的奶奶对她太过于包办了，就连情绪控制这种需要自己去做的事情，蒙蒙的奶奶也都当作自己的责任。

每当蒙蒙不开心时，奶奶就通过哄她、满足她的要求、为她解决各种问题等方式，哄到蒙蒙重新开心起来。所以蒙蒙长这么大从来都不需要控制自己的坏情绪，因为不管怎样任性，都有别人可以帮助她解决各种问题，她也就完全不会处理情绪了。

这种情况在很多较为低龄的孩子身上都能看到，尤其是那些备受长辈疼爱的孩子。在生活中，我们难免会遇到不如意的事情，每到此时孩子们的表现总会比较剧烈一些，情绪波动也较大。那些会处理情绪的孩子往往能很快控制住，并且用得体的态度来表现和应对，而另外一些孩子则不同，他们压根儿不控制自己的情绪，因为他们也不需要控制自己的情绪，只要一出现情绪波动，家长们恨不得立刻就冲上来保护他们，充当他们的“Superman”。反正，只要是有让孩子不开心的罪魁祸首，他们就会首先帮孩子来清理。

这样一来，孩子的负面情绪往往来得快、去得也快，让家长长舒一口气，但这样会给孩子在处理情绪的问题上埋下一个巨大隐患，你的孩子可能从来都没有自己处理过负面情绪。

长此以往，孩子的心理发育就会慢于同龄人，因为他们无法正确自我调节，也不知道该怎么样控制内心的负面情绪。这样的孩子往往显得脾气比较大、容易使小性子、特别容易哭等。当他们进入学校、来到集体中时，失去了以往的保护和屏障，乍一和其他小伙伴处于同一个环境，就很容易出现不适感，甚至反应比较剧烈。

为了避免这种情况的出现，家长们最应该做的就是让孩子有一个自己处理情绪的机会，不要低估你的孩子，给他们一个自己去解决问题的机会，也许他们能够处理得比你更好。

【案例二】

我曾在广场上见到过这样一个孩子，当时他正在和其他的小朋友比赛骑小车。在快速转弯的时候，因为速度太快，这孩子连人带车一下子摔了出去，还好，只是蹭伤了手，看起来并不严重。

小男孩儿站起来拍了拍身上的土，看着自己的伤口，好像有点手足无措，然后就开始在广场上寻找自己的妈妈。这时候孩子虽然有点不开心，但并没有什么过激的表现，相反，我还为他的镇定和冷静感到钦佩，觉得这孩子真是个男子汉。

可过了一会儿，当他发现广场另一头正在跟其他家长聊天的妈妈时，他的表现就有点让我惊讶了——

只见他快速地冲到了妈妈身边，举起手让她注意到自己的伤口。当他看到他的母亲感到非常焦急，拉着他的手问“疼不疼，哪里受伤了”的时候，孩子的眼泪一下子从眼睛中流了出来。

要不是因为我知道他确实是感觉到疼了，还以为这孩子是在演戏呢，而且演技还很不错。不然，为什么刚才没看到母亲的时候不哭，现在才哭呢？

为什么在看到母亲之前和之后，孩子的表现会差异这么大呢？很简单，首先孩子的伤不那么严重，不足以让他立刻就哭出来；其次，他知道只有妈妈才会心疼他，哭给别人是没有用的，所以只有在妈妈面前情绪才表现得如此激动。

孩子在遇到问题的时候，也往往处于这两个阶段：当父母不在的时候，他们有了一个自己处理情绪的机会，一般都会表现得比较成熟、冷静甚至令人惊叹；当父母在的时候，因为他们感受到了可以依赖的人，知道父母总会在第一时间冲上来保护他们，所以会更夸张地表现自己的情绪，以期待父母能够给他们补偿或帮助他们。

由此可见，孩子的潜意识可一点儿都不简单，他们把父母的小心思揣摩得非常准确。

我们必须意识到这一点：在孩子面临负面情绪的时候，我们需要帮助他们，需要手把手带着孩子走出阴霾；伴随着他们逐渐成长，我们更要学会留给他们自己处理情绪的机会，留给他们自觉成长的独立空间，让孩子充分展现自己的能力并真正得到成长，而不是永远替他们包办一切。

正确的培养方法：给孩子充分的时间，让他独立处理情绪

每一个孩子都渴望独立成长，在处理情绪上的成长也是一样的。所以，当孩子已经逐渐能学会自己控制情绪、处理情绪的时候，我们应该大胆放手，他们不仅不会感觉到恐惧，还会因此感觉到快乐与愉悦，并通过自己的尝试产生成就感，逐渐成长为一个独立的人。

简言之，您的孩子可能早就迫不及待地想要自己去面对生活中的风浪了，就大胆地让他们扬帆起航！

所以，在确定我们的孩子已经初步体验过如何处理情绪、在父母的引导下处理过自己的负面情绪的前提下，我们应该给他们一次自己尝试的机会，留给孩子时间让他独立处理情绪。

这让我们可以从以下几点着手：

1. 孩子情绪“着火了”，先别急着当救火队长

当你的孩子又一次处于激烈的情绪波动当中，制造出来的音量不亚于人们请求救火的呼号时，千万别着急，先稳坐钓鱼台，“袖手旁观”几分钟再说。

这可不是单纯地要求爸妈无理由的狠心，而是给孩子一次自我处理情绪的机会。如果我们立刻接手孩子的情绪控制，就剥夺了他们本应有的成长，反而不利于他们以后的独立；相反，要是我们能在孩子情绪最激烈的那段时间保持“袖手旁观”，给他充分的鼓励让他自己去做，完全留给孩子自行发挥，他们可能会交上一张超乎想象的答卷。

就像我们之前所说的案例，当孩子的父母不在身边时，他们就算摔倒了、磕伤了也不会哭，看到自己的父母则会立刻伤心地流下眼泪。这绝不是什么虚伪的表现，而是孩子明白，哭是一种表达情绪的方式，跟别人发泄没有用，但对父母而言却极为有效。

如果在孩子遇到挫折，情绪低落的时候，我们能稍稍躲起来一段时间，孩子这种坚强、依赖自己的表现就会持续更久，渐渐地他们就能学会安慰自己、自我排解，不再轻易受到父母情绪的困扰。我们要做的就是留给孩子一个独立的空间，让他们学会自己站起来，而不是每次都将手递给他们。

2. 即使孩子不需要你的引导和参与，也一定要陪伴他们

虽然孩子可以自己排遣负面情绪，但并不意味着他们不需要陪伴，处在一个完全孤独的环境中对他们来说并不能带来什么积极的暗示。身为父母，我们并不一定要在孩子情绪激动时，对他进行滔滔不绝、细致入微的引导与教育，有时只要看着他们自己慢慢恢复就行，但并不意味着我们就可以将孩子完全丢在一旁，甚至在他们心灵受伤的时候不陪伴他们。

陪伴，对父母和孩子来说都是很重要的。对我们来说，这是走进孩子心灵、缩短彼此距离的机会，对孩子来说，父母的存在能够提供给他们必要的安全感，让他们产生尝试的勇气，从而能够更好地去控制自己的情绪。可以说，我们的陪伴就是孩子坚强的后盾。

3. 让孩子学会对情绪失控负责

要孩子学会控制情绪，就得让他们理解情绪失控造成的后果是多么严重，令孩子产生一定的责任心。这一点与之前我们所说的有异曲同工之妙，我们可以通过一些实际行动让孩子学会负责，比如当他们生气愤怒时摔了东西，我们就要让孩子跟我们一起打扫，并让他们明白，这些东西摔坏了就再也无法修补。这样，孩子就意识到自己做错了事就要付出一定的代价，以后他们就会有意识地避免再次出现错误，也就学会通过这种方式来控制情绪了。

“妈妈，陪陪我”
——孤独情绪影响孩子与人交流

当我们生活在钢筋水泥所浇筑的大厦中，行走在这个匆忙的城市里时，常常会有孤单的情绪产生。孤独的滋味是不好受的，成人尚且明白这个道理，更何况是孩子。从城市的教育模式中成长，孩子可以获得更好的教育资源、更加精心的照顾和引导，但也同样失去了很多童年的乐趣，容易变得孤独，并因为这种孤独的情绪失去与别人交流的兴趣。

这是城市孩子在成长中最常遇到的问题。

孤独可以使一个成年人的思绪更加清晰，但对孩子的成长而言却并不积极，它会让孩子的情绪变得更加消极低沉，一不小心还容易造成心理疾病，对孩子的性格培育没有什么好处。

为什么城市里的孩子更容易被孤单所困扰呢？首先，两个到六个家长与一个孩子的家庭模式，让孩子身边缺乏同龄人和玩伴，即使在幼儿园能够和同伴们一起玩耍，回到家中时依然不免感受到孤单；其次，城市的建设让孩子们的玩耍空间变得更加狭窄，而狭小的空间很容易给人带来逼仄压抑之感，对孩子来说，在室内长时间待着就会更容易产生消极情绪，会变得脆弱孤独。

除此之外，进入学校之后，孩子们也面临着不同以往的学习压力。不管是来自家长的无形施压，还是来自老师的殷切期待，哪怕是跟同龄人比较一下，都会让孩子产生各方面压力。这样一来，我们的孩子不与孤独结缘才怪呢！

一旦孩子变得孤独甚至孤僻，就容易影响他们与他人的交流，逐渐衍生成为性格上的缺陷。

【案例一】

菲菲上小学一年级时得了一场大病，妈妈就给她请了半个学期的假，让她在家中学习，只要在最后参加期末考试即可。一开始菲菲觉得很开心，因为自己生病不必去学校、不用上课，也不用写那么多的家庭作业。可这种情绪持续了不到一个月，她就开始盼望着上学了。

“妈妈，我什么时候能见到小朋友们呀？”这是菲菲每天问妈妈最多的一句话，妈妈只好安慰她，只要身体好了就可以回学校。但是菲菲还是迫不及待，甚至跟妈妈说：“我已经好了，我一点儿都不难受了！”

妈妈就感到很疑惑，问菲菲：“你以前不是最不喜欢上学吗？每天都要早起，还有那么多的家庭作业，为什么现在反而天天盼望着上学了呢？”

菲菲瘪了瘪嘴对妈妈解释道：“在家里实在是太无聊了，连一个陪我玩的人都没有，要是你们去上班，就只有我和奶奶在家。每天这样待着，烦都烦死了！”

妈妈一开始只是以为菲菲的玩心起来了，并没有怎么关注她这种需求，没想到又过了一个月，她却发现菲菲变得越来越安静，话也越来越少了。有时候，就算妈妈主动提出让菲菲去跟小朋友们玩儿，她也常常一副缺乏兴致的样子，说：“没事儿，我就在家里待着就行。”但是生活中，她笑的次数却越来越少了。

妈妈这才发现，自己以为菲菲非常享受在家的生活，事实却并非如此，孤独对一个孩子的影响竟然这么大！为此，她开始有意识地带菲菲多出去接触朋友，哪怕不上学也让她每天晚上都能够出去和大家玩一会儿，菲菲这才逐渐开心起来。

孤独情绪对一个人的影响是巨大的，也是潜移默化的，我们可能会在不知不觉间就被它改变了个性、影响了性格。对成人而言是这样，对孩子来说更是如此，如果在孩子的性格塑造期让他们总是尝到孤独的滋味，他们就很容易变得更加孤僻，甚至不愿意与别人交流。

有时，父母和孩子之间缺乏一定的沟通，总是采取过于简单粗暴的交流方式甚至连交流都没有，也容易在彼此之间树起一栋高墙，让孩子在家中产生孤独感。

【案例二】

我认识的学生科科是一个非常开朗大方的孩子，在群体中的人缘很好，平时也非常喜欢热闹，喜欢跟大家交流，可是有一天，科科的父母却跟我倾诉他们的苦恼，说科科在家中特别孤僻，平时一天可能都不与他们说上一句话，他们也不知道怎么跟孩子交流，于是向我询问有什么办法解决。

这让我感到很疑惑，科科平时表现可并没有显露出这一点，为什么他在家和在外完全是两种情况呢？我就叫来了科科想问他一下。

科科皱着眉头，非常委屈地说：“并不是我不跟他们交流，而是他们工作太忙了，回来很少跟我说话。时间久了我就习惯了，也没什么话跟他们说了。”

我这才明白，正是因为父母长时间跟科科缺乏主动的情感交流，导致孩子已经与他们疏远了，就算孩子有话也不知道该怎么说，也不知道什么是他们感兴趣的，所以科科在家中才显得如此孤僻。这种情况，问题显然不出在科科身上。

类似的情况非常普遍，许多家长都觉得自己的孩子在家里家外完全是两个人，在外和朋友之间仿佛有无数的话要说，在家却连一句话也不想说，总是一个人窝着，忧郁又孤僻，常常表现出烦躁、低落、不开心等情绪。

这种反差正是因为父母和孩子长时间缺乏情感交流，导致孩子在家中很容易感到孤单，因此更容易积累负面情绪。要解决这一点很简单，就是要打消孩子在家的孤独感。

正确的培养方法：充实孩子的生活，帮助远离孤独感

曾经有人这样形容孤独的孩子：他们就像夜空中的星星，每个都与其他星星保持着一定的距离，独立而沉默地闪耀着光芒。

哪怕是显得有些孤僻的孩子，一样有他们自身的魅力和闪光点，所以即使我们发现孩子开始感觉到孤独也不用特别紧张，这是每个人成长过程中必经的道路和体会。但同样，我们也不能让孤独长时间地萦绕在孩子身旁，避免因此而影响他的性格。

如何能够有效地帮助孩子摆脱掉孤独感呢？我们可以从下面几种方法入手。

1. 时刻关注孩子，经常与他们进行灵魂上的交流，保持沟通

我们所说的“灵魂交流”可能有些夸张，但意思却是很显然的——我们与孩子之间的谈话绝不能仅仅停留在物质生活上，比如“你吃了吗”“今天冷不冷”之类，这都属于无意义的交流和沟通。我们应该进行深入的交流，多与孩子探讨关于情绪的问题，尤其是在发现他们有些孤独的时候。家长需要及时关注，及时告诉孩子，不要让他们无意识地

沉湎于这种情况。

我们可以告诉孩子，每次产生孤独感的时候，就来跟父母聊聊天，做一些自己喜欢的事情，让我们多陪伴他们一下，总之不要一个人待着，更不要一个人东想西想，孤独感就会逐渐消失。

2. 当孩子感到孤独的时候，让他们做一些自己喜欢的事情

这些喜欢的事情可以是经常做的，但最好是有一段时间没接触过的，因为这会给孩子带来一定新鲜感，有效冲击他们尚未形成的孤独感。

比如，如果你的孩子喜欢游泳、骑马或者是看电影、外出游园，却因为时间较为紧张或时间安排所致，近一段时间并没有接触，就可以带孩子去进行这些活动。这样可以从身体到精神得到充分的放松，缓解他们的孤独。

3. 让孩子养成写日记的习惯

日记不仅可以记录一天中发生的各种事情，更可以记录孩子某一刻的情绪和想法，让他们可以将自己的情绪波动记录下来，从而更好地控制自己的情绪。写日记还可以让孩子学会观察，随时留心自己的变化和其他人的反应，增强观察分析的能力。

除此之外，经常写日记也能让孩子充实自己的课余生活，避免他们因为无聊空虚而产生孤独感，而且在情绪低落的时候回顾自己的日记，看一看生活当中记录的快乐的事情，能够给孩子带来非常正面的影响，让他们感受到愉悦。

4. 跟同龄人之间的交流沟通可能更加重要

父母是别人无法替代的角色，同样，孩子的朋友也是父母无法替代的。如果孩子常常感觉到孤独，我们可以鼓励他们多与同龄伙伴进行接触，不管是与他们倾诉还是一起参加社会活动，或者出去玩耍都可以。

如果孩子近期没有什么活动的意向，我们也可以询问他们是否想将同学邀请到家中来做客。在热闹的环境当中，孩子可以感受到来自其他人的热情，自然就不会产生孤独感了。

排遣孤独，最终还是要靠自己的努力。孩子要有积极的心态，愿意主动去跟别人交流，这样才能够从根源上避免陷入孤独当中。不管是积极主动去交朋友还是通过参加集体活动、扩展自己的朋友圈，对孩子击退孤独都非常有益。

“今天真是个快乐的日子！”
——当情绪积极时，孩子更开朗外向

在现代教育中，孩子的学习技能、知识储备等素质，可能都不如健全的人格培养来得重要。我们强调要进行素质教育，就是要培养出健康优秀的人才，而不仅仅是优秀。

在健全人格的培养过程中，让孩子拥有积极的情绪占据着非常大的比重，是家长和老师工作的重中之重。简言之，让孩子快乐的教育，就是好的教育。

为什么这样说呢？让孩子开心，真的比让他们多学点东西更重要吗？当然，一个拥有积极情绪的孩子，不仅性格会更加开朗外向，做事也更乐观、向上，拥有一定的抗压能力和进取心，这些可都是优秀的儿童必备的素质。看，只要拥有一个积极的情绪，孩子就能同时得到这么多“附加赠品”，是不是非常值得我们去关注呢？

孩子的积极情绪可不是天生带来的，而是需要后天培养和引导。并不是每一个爱笑、开心的孩子天生就是乐天派，他们能形成这样的性格，全有赖于身边人的指引。

【案例一】

陈女士的女儿梅林在上幼儿园之前是个喜欢哭闹的孩子，一遇到不顺心的事情就爱用哭闹来解决，平时有一点小问题、小挫折，她就会显得一脸挫败、垂头丧气，小脑袋也低下来了。陈女士有时候觉得，孩子太容易被不好的情绪影响了，这很可能是性格所致的。

但是梅林在上了幼儿园之后却好了很多，虽然平时也还有这些爱哭爱闹的情况，却明显减少了。陈女士询问老师的时候，老师也说她在幼儿园里哭闹的次数在慢慢减少，说明孩子是有进步的。尤其是有一天，陈女士看到梅林本来一脸不高兴地摆弄什么，但是幼儿园老师在她耳边说了几句话，带着梅林玩了一会儿，孩子就立刻“转阴为晴”了。

她这才明白，原来孩子的消极情绪不是天生的，后天引导也能让它们转变为积极情绪。

我们总是想让孩子拥有积极的态度，却不知道这种积极是需要学习的，而学习的过程更需要父母引导。孩子能拥有积极的情绪，是因为在家长的各种帮助和教育下，他们学会了用积极向上的思维去看待一件事，所以能从好事中感受到快乐，也能从坏事中看到好的方面，自然会变得“乐天向上”。

这种积极的态度和思维一般不是天生就存在的，任何人的性格培养都跟后天环境息息相关，所以我们可以引领孩子拥有这种思维。不过，有些家长的教育不仅不能给孩子带来积极的情绪，反而很容易产生负面影响，这就是在给孩子“扯后腿”了。

【案例二】

因为工作上的考核失败，晓琳爸爸回家时一直板着脸，一点笑意都没有。本来，晓琳刚和同学出去玩回来，正有一肚子的话想跟父母说，她非常兴奋了，可是看到爸爸严肃的样子就开始担心起来：爸爸心情不好，是不是生我的气了？是不是我哪里做得不好？

这种担心一下子冲散了她的喜悦，晓琳赶紧跑回了自己的小屋，别提多紧张了，就怕爸爸训斥她。到了晚上吃饭时，因为晓琳总是皱着眉观察爸爸，令爸爸很不开心，就说了一句：

“有什么话就说，你到底是想跟我们说什么啊？”

可能是语气带着不耐烦，加上一下午的紧张忐忑，晓琳吓得一下子哭了起来，一边哭一边说“没什么”。爸爸和妈妈互相看了一眼，都感到莫名其妙，难道孩子今天受委屈了？

爸爸妈妈可能没想到，其实晓琳的心情本来很好，但因为受到他们的情绪影响，所以最终表现得非常压抑、不开心。在一个家庭中，父母对孩子的情绪影响是非常大的，如果我们有什么不开心的地方，很容易就让孩子也感染到负面情绪。因此，我们要让孩子学会情绪积极地看问题，就得先从自己做起，注意自身榜样作用，潜移默化的成果可能会更好。

正确的培养方法：时刻注意孩子的积极情绪，用轻松方式引导

关于培养孩子的积极情绪，我们可以从以下几个方面入手，用轻松的、生活化的方式来让孩子感受到积极的思维和生活态度，进而做一个乐观的人。

1. 家长注意自己的言行举止，始终在孩子面前保持较为积极的情绪

就像我们之前所说的，家长对孩子的影响是潜移默化的，家中的紧张气氛也会使孩子的情绪变得低落，所以千万不要将自己的负面情绪带到家里，带到孩子面前，尤其是工作上的问题。

家长是孩子生活当中的第一个老师，也是最好的榜样，如果我们自

己都不能够排遣消极的情绪，用积极的态度来面对人生，又怎能有底气向孩子说出要笑对人生这样的话呢？想让孩子学会用积极态度对待事情，做一个开朗外向的人，就一定要从自身做起，这样，孩子才能通过模仿家长，变成一个乐观向上的人。

2. 可以通过一些适宜孩子的游戏活动来让他们产生积极情绪

孩子的天性就是游戏和玩耍，他们可以从游戏当中学到任何需要的技能，包括关于对世界的认知、对自身情绪的感悟，所以我们应该重视孩子“玩”的内容，学会带着自己的孩子进行有益的玩耍，让他们在游戏中感受到积极情绪和精神。

比如在孩子玩游戏的时候，我们要适当地进行鼓励和表扬，让孩子能够始终保持高昂的情绪和快乐的体验。之前，我曾带着自己的外甥一起玩橡皮泥，因为他觉得自己动手能力不够强，所以总是看着我玩，自己却不敢尝试。我就鼓励他说：“我们可以一起来做，我带着你肯定会做得比以前更好，你相信自己吗？”外甥这才有些犹豫地开始尝试。但是做完了他的作品之后，我就及时表扬他：“你真棒，进步太大了！”他果然更有了兴致，也变得自信起来了。最后，外甥在玩橡皮泥的活动中得到了非常愉快的体验，这和一开始只看着我玩儿的表现完全不同了。

所以，孩子在玩耍中也不一定始终带着积极的情绪，我们需要通过表扬等方式，让他们养成这种乐观自信的性格。一般来说，自信的孩子往往都比较积极，而自信都来自成功的体验，我们带领孩子进行游戏，就是为了让他们有成功的体验。

3. 在日常生活中多观察自己的孩子，让他们尽量保持积极性

很多时候，我们往往过于关注孩子的物质生活，却忽略了他们的情绪世界，就算他们处于不开心、不愉快的状态，我们也并不清楚——或者说，我们以为这才是常态，所以没有产生要帮助他们解决的想法。

当你发现自己的孩子在生活中经常沉默、不爱笑、常发呆的时候，其实就是他们的情绪较为低落。这绝不是孩子正常的反应，我们必须加以重视。没有孩子天生就是悲观的，只是因为在生活中缺乏快乐的体验，所以才会渐渐失去积极的情绪。对家长而言，哪怕少关注一些他们的吃喝问题，也要多了解了解孩子的情绪变化，对他们的成长只会更加有益。

4. 多关注孩子身上的优点，少批评他的缺点

对孩子的批评当然是必须要有的，但应该言简意赅、一步到位，不要总是关注孩子的缺点或反复去说，这样只会让他们失去积极的情绪。

想象一下，如果有个人总在你的耳边唠叨着你的不足之处，恐怕就算是成熟的大人，也得在心底默念“我不生气”才能平复心情，更何况孩子呢？

有些家长总爱拿孩子的短处去比较其他孩子的长处，以期望能够激励他们。殊不知，这种方式最容易打击他们的积极性，与其这样做，不如多夸奖他们的优点，通过赞扬给孩子带来进步的积极性，他们反而更愿意去改正自己的缺点。

第四章 培养孩子良好性格，害羞腼腆一扫光

“我到底是个怎样的人?”
——培养性格，先让孩子“认识”自己

我是谁?

这个问题千百年来一直困扰着无数哲学家们，人们不断探寻着自我，希望能够对“我”有一个准确的定义，却往往无法得出结果。

可见，认识自我是一个非常深刻又复杂的命题，但对于孩子们来说，认识自我却是他们走向社会的第一课。要培养一个乐观健康的性格，孩子首先得认识自己，否则既不认识自己，又如何说去进步、去针对自己的缺点进行改善，并发扬自己的优势呢?

思想家蒙田曾这样说：“在这世界上我们最重要的事就是学会认识自己。”探索自身可能比改变客观世界更加重要，在幼儿时期，如果我们的孩子能够学会正确认识自己，他们就能在以后的人生道路上走得更远。

【案例】

七岁的小玲有一天哭着回到家中，对母亲说：“妈妈，我以后再也不要上学了。”

母亲听了，自然知道发生了什么特别的事情，就赶紧劝慰了一番并

问道："到底怎么啦？"小玲却摇了摇头，总是不肯说，嘴里嘟囔着："别人都不喜欢我，我是一个招人讨厌的孩子。"

直到母亲询问了好几遍，她才道出了实情——原来，在学校中有一个同学和她产生了摩擦，就对她大吼道："你真令人讨厌，我们一点儿都不想跟你玩儿！"这让小玲非常受伤，也开始担心：自己难道真的是这样令人讨厌的人吗？这极大地打击了她去上学的积极性。

思来想去，母亲这样劝慰她："你看，你的身边虽然有不喜欢你的人，也有很多觉得你很可爱非常热情的朋友呀！你想想，是不是有这样一群人？"小玲点了点头，列举了几个名字说："他们都可喜欢跟我玩儿了！"

"没错，所以我们不能要求所有人都喜欢自己，但也绝不能随便就评价自己是招人讨厌的，这可太委屈自己了。"妈妈说了几句，最终把小玲的关注点引导到了积极的方面，孩子总算是不难过了。

通过这件事，母亲发现小玲特别容易受到他人评价的左右，不能正确看待自己，对自己没有一个清晰的认识。

你会发现，当孩子不能正确认识自己的时候，往往会显得比较自卑、底气不足，正因为他们不知道自己是什么样的，所以对负面的形容词会更加敏感，并且轻易就怀疑：我真的是那样坏的一个人吗？如果我们不能够让孩子全方位地、真实地认识自己，并且相信这种认识，在培养他们性格的过程中就会遇到更多问题和困境。

相信家长朋友们都不想给自己的教育增添无形的负担，所以就请记得让孩子学会客观评价自己，真正认识自己。

正确的培养方法：让孩子认识“好”的自己，也要认识“坏”的自己

从心理学的角度上讲，孩子在小学阶段之前就会朦胧地产生自我意识：他们自己会对认识自我产生一定需求，包括了解自己的长相、能力个性、兴趣爱好等，并且开始认识周围的环境、认识身边的人。

这是孩子情商发育的开始，学会正确地评价自我和评价他人，将让他们更好地适应在集体环境中的成长。所以，对孩子这种认识自我的需求我们一定要予以满足，甚至要做到“没有需求，也要创造需求满足他”。

抱着这样的态度，再去进行多方面的培养，孩子就可以塑造成更加健全的人格。

1. 让孩子学会客观地评价自己的长相

如果说让孩子客观评价自己的性格是一件比较复杂的事情，是因为性格不具象化，那让孩子先从评价相貌开始他们就会觉得简单很多。认识自己的长相，其实是很多孩子都缺乏的一种经历。

家长朋友们可能对我说的这个结果感到哭笑不得：“孩子难道不知道他自己长什么样吗？恐怕他最熟悉了解的就是自己吧！”

我们所说的这种“认识”，当然不是对相貌的了解程度。也许每一个孩子都知道自己长什么样子，但对很多人来说，他们却并不清楚自己到底有怎样的相貌。

我曾遇到过这样一个孩子，长着一双小小的眼睛，着实不算多么好看，但孩子自己却非常坚持，总是认为“我是全世界最好看的，我的眼睛一点都不小”。之所以会有这样的态度，是因为在过去的成长中，父母并没有让他产生“眼睛小”的认识，甚至为了不让孩子因此自卑，他

们还专门夸赞他的眼睛大。

我们当然知道这是为了呵护孩子脆弱的自尊心，但是这种不基于事实的评价，很有可能会影响孩子对自己的客观认识，甚至让他们在长大之后还为自己的相貌沾沾自喜，在别人面前做出错误的事情。呵护自尊心当然是重要的，但孩子正确认识自己却更加重要，我们完全可以用另一种方式教育孩子，告诉他们："虽然你的眼睛比较小，但是却特别灵动有神，非常可爱，相信每一个和你相处过的人都会喜欢你。"

这也是一种美好的赞美，但是却基于事实，让孩子从另一种角度去评价自己的相貌，却没有违背客观事实。相比之下，就比单纯的夸赞甚至是违心的夸赞更加有用，这样帮助孩子构建起来的自信也是更加牢固的，不至于因为他人的一两次"实话实说"而被破坏。

我们在教导孩子客观评价相貌的时候，一定要让他们意识到两点：

第一，这个世界上的人都有美和丑的地方，永远不会有完全完美的人，我们要学会接受自己不完美的地方。

第二，相貌并不是评价一个人的全部，唯有与心底的真正善良和良好的品格、优质的气质结合起来，才能够让一个人散发出美的魅力，所以要将自己的内修和外养相结合，这才是真正的美丽。

2. 在和孩子一起认识自己后，要让他肯定和接纳自己

如果你的孩子连真实的自我都不肯接受，那将来他会有更大的概率变得自卑、自弃。当然，您可以说："我的孩子既然不接受自己的缺点，就会努力去改正变成一个更好的人，这样不是也可以吗？"没错，的确会有孩子能够完成这样的目标，然而他们的内心还是不自信的，他们的性格也会缺乏积极的一面，因为这一切的来源都构筑于一点——我对自己并不满意。

一个积极乐观、拥有向上性格的人，对自身的评价往往都比较高。

他们对自己满意，并且乐于接受自己，基于这个基础再去进行的努力可以称之为改善自己，而不是推翻自己。

所以在孩子还小的时候，我们就要教导他们学会接受真实的自己，不管是优点还是缺点都应该正确面对。我们存在于世间，独一无二就是自己最大的可贵之处，如果这样一份独一无二的礼物还不能够接纳的话，以后还会有什么能让我们感到惊喜呢？

我们可以带领孩子通过这样的方式来增强自信感，积极应对每一天：

每天清晨起床时，就在镜子前面对自己说："你很棒，我们要在快乐的情绪中度过这一天。"

每天傍晚睡觉前，我们要学会回顾一天的行为，并对自己的情况做一个正确总结和评价，然后用"明天继续努力"这样轻松愉快的态度进入梦境。

自己的肯定和鼓励，可以帮助我们拥有好心情，其实，自省与评价也能够让我们时刻审查自己，避免做出让自己感到后悔、排斥的事情。如果孩子能每天做到这两点，他们的心情将会更好，性格也会更开朗。

3. 学会接纳自己的优点，更要学会认识自己的缺点

总有许多人对自己的优点极尽宣扬，生怕他人不知道，却在别人提起自己的缺陷时变成了一只炸了毛的猫，一句都不让别人说。这样的情况，在成人的世界中也常常见到。

会有这种行为的人，一般都是在小时候就没能正确地认识自己的优点和缺点，从而养成"听喜不听忧"的坏习惯，所以，在孩子还小，对是非并没有太大认识的时候，我们就应该帮助他们构建正确的价值观，能够坦然谈论自己的缺点。

越是能够清晰认识到自身的缺陷，孩子就越是有更大的概率去改正，变成一个更加优秀的人；相反，对缺点避而不谈、总是忽略的人并没有变得更好，他们只会放任缺陷发展，最终让缺点变成一个不得不正视的毒瘤。此时再去改正，恐怕就晚了许多了。

4. 让孩子明白，他们永远不可能获得所有人的喜欢

这个世界上总会有讨厌我们的人，而孩子的世界是单纯的，他们往往会将他人的这种厌恶和排斥看得无比重要，甚至因此影响自己的自信和心情，这就非常没有必要。

总想做一个让别人喜欢的人，只会让我们每一天都过得小心翼翼，而结果也永远都是负面的——我们必然会失望。既然如此，还不如教导孩子成为一个坦然接受他人冷待的人，学会对别人说“不”，也能够接受别人对自己说“不”。这样，反而能让孩子建立一个健全的人格，拥有独立的个性。

“我胆小，但是我要勇敢”
——加强逆商锻炼，让孩子学会更加坚强

对孩子来说，成长是少不了磕磕绊绊的，但这些小伤、小疼痛都不会引起孩子内心的惧怕。因为他们习惯在跌撞中总结出避免磕绊的经验，也在成长中内心逐渐变得强大，所以受些挫折和困难，对孩子而言其实是必要的。

但很多家长的教育中，却总要回避这些可以带给孩子经验的事，宁愿坐在舒适的房间中给孩子讲什么是坚强、什么是困境，也不愿意让孩子亲自去体会一番。有的家长甚至认为，坚强这种事并不需要教导，爱哭的孩子天生不够坚强，爱笑的孩子则天生坚强，其实就并不正确。孩子个性坚强与否，有来自先天的遗传因素，也有后天生活中的影响，坚强是可以通过培养与教育塑造出来的，是必须要培养的一种品质。

【案例一】

一冰妈是妈妈圈里面的教育典范，因为她能够将一个原本有些胆小软弱的孩子，逐渐教导成为真正的男子汉。其实，一冰妈的教育理念很简单——狠心让孩子去受挫折。

一冰上幼儿园时，老师曾经布置过一个比较难的手工作业，所有的

孩子几乎都是让家长帮助完成的，只有一冰妈妈对他说："既然老师说这是给你们自己布置的作业，就应该要自己完成哦！不管你最后做得好还是坏，都是最棒的，因为你自己可以就做到这些。"

一冰开始答应了，但发现自己的作品比别的孩子要差的时候，他还是忍不住有些难过，仿佛受到了打击，这可是孩子耗费好长时间做出来的！

很多家长就为了避免孩子受到这样的打击，所以恨不得全部替他们做了，但一冰妈妈却不同，她敢于让孩子去接受挫折，并说："这次的打击对他来说只是一时的，迈过去就好了；但如果我替他做了，那他一辈子都不会有这种受挫体验。"

正是因为一冰妈能让孩子在合理的范围内"吃苦受挫"，既不打击孩子的自尊自信，又能让他体会到"成长的烦恼"，孩子最终才会成长为一个勇敢坚强的男子汉。

教育家认为，坚强与否对一个孩子的成长来说意义重大，因为越是勇敢坚强的孩子，成长过程就越容易感觉到幸福与快乐；相反，胆子小的孩子，成长中总感觉到不安与害怕，他们的幸福感、快乐程度都不会太高。可以这样说，如果我们的孩子个性中坚强的一面没有表现出来，他们是无法始终快乐、安心的，即使在有家长保护的情况下会表现得很快乐，但离开了家长呢？不够坚强的个性只会让他终日自怨自艾，面对一切都无能为力，毫无快乐可言。

【案例二】

玲玲上小学一年级了，最近这段时间，她总是不爱去学校，每天早上都要妈妈再三催促才肯走。

"学校里太没意思了，我真不想去！"玲玲嘴上这么说着，妈妈却知道，原因来自前几天的一场考试。

考试中，玲玲并没有获得期待的好成绩，反而考了班级倒数的那几名，这让孩子受到了不小的打击。而且，有几个小朋友还在旁边起哄："玲玲这次'烤糊'啦！"这让玲玲更觉得丢脸，好几天都见不到她的笑脸。

玲玲妈妈开始后悔了：为什么以前为了保护孩子的自尊心，没能让她意识到自己的不足之处呢？过去，玲玲就已经表现出了学习能力不足的情况，但是妈妈为了让她有自信，总是说"玲玲学得真快""你做得特别好"，导致玲玲一直以为自己又聪明又优秀，第一次参加正式的考试，反而让她受到了打击。

早知如此，还不如提前让玲玲经受一下打击和挫折，也许她就能更好适应了！

所以，家长在关注孩子的个性培养时，千万不要忘了把培养孩子勇敢、坚强的个性也当作目标。如果我们的孩子可以变得勇敢、用坚强的态度对待生活，就能保持一生的乐观精神，更容易在困难中寻找到通途。因为坚强是他们可以勇敢面对一切的精神力量，这样就不会因为一点小问题而惶恐不安。

正确的培养方法：坚持培养原则，鼓励孩子勇敢坚强

当然，想让自己的孩子变得勇敢坚强，家长朋友们拥有良好、正确的培养方法是必不可少的。一般来说，孩子伴随着成长就会逐步变得越来越勇敢、越来越具有承受力，所以当你的孩子没有表现得格外脆弱时，不必进行专门的"挫折教育"。但对于总是爱害羞、胆小、相对敏感脆弱的孩子，则要进行专门的意志力练习，提高他们的受挫能力，这就是培养孩子变得坚强的最快办法。有时，没有困难家长制造困难也要

上，比如，给孩子在生活中刻意制造一点小问题，鼓励他自己去面对并克服；让孩子学会承担生活上的“苦”，比如接受适度的饥饿、寒冷等，都可以帮助孩子慢慢从压力和挫折中逐渐学会坚强，并增强他们的意志力。

从以下几点原则出发，可以让我们对孩子的“逆商教育”更加有效：

1. 在情感层面鼓舞孩子，可以使孩子变得勇敢

人类是感性的，一个对感情缺乏认识的人，普遍不是很坚强——他们可能更加随波逐流，容易受到周围人的影响。

当一个人内心充满丰沛、积极的感情，有高尚的道德指引时，他的意志也能得到加强。比如张嘎子、雨来、刘胡兰式的小英雄，他们之所以敢于面对敌人的凶残与冷酷，就是因为内心充满强烈的爱国、爱家、爱人民的情感。

所以，我们在针对孩子进行“勇敢与坚强”意志的培养时，只给孩子讲道理、进行口头说教，绝对无法让孩子积极地变得坚强起来；如果父母能在情感上对孩子进行鼓舞，就能够激发孩子配合的积极性，可以明显地发现他们的行为变得更主动了。

比如对孩子说：“你不要怕打针，这样会给其他小朋友做一个榜样，他们看到了就不会害怕了哦!”这种形容，对孩子来说就是最好的激励，他们会变得更注意自己的言行，以便给其他小朋友做榜样。

通常来说，抽象的道理孩子可能不太方便理解，所以单纯的说教，孩子并不知道怎么做才更好；如果与具体的行为相结合，我们的教育就可以事半功倍，所以家长应该从内心到行为一起对孩子进行引导。

2. 给孩子树立一个偶像，增强教育效果

其实我们总说自己“不追星”，但每个人都会有自己的偶像，有时候是名人，有时候是父母。我们会不自觉地跟随偶像的脚步成长，并且逐渐变成类似的人。

如果说“追逐偶像”在很多人眼中是负面的，那么，家长也应该懂得“榜样的力量是无穷的”，其实只要是正确追逐偶像，完全可以激发积极的效果。

我们可以主动给孩子树立一个偶像，或者充分了解孩子已经有的偶像。当孩子面对困难和挫折，出现畏难情绪、表现得太脆弱时，就可以恰到好处地拿出来给孩子做榜样。

当然，孩子的偶像是什么样的，很多时候取决于家长的影响与引导，举个简单的例子，比如我们经常带孩子一起看动画片，他们就很有可能喜欢上里面的人物，将其作为偶像。所以，你给孩子展现了一个什么世界，他就会变成什么样的人，我们一定要注意平时给孩子传输的信息，尽量给予积极正面的教导，他们自然就能找到“优质偶像”。

这样一来，当面对问题时，让孩子想一想这个偶像会怎么做，孩子也许就会更有意志力。

家长应该理解，每一个孩子内心的“骄傲”都是与生俱来的，他们的自尊心可能会更强。所以在孩子受挫时经常提到他们的偶像，孩子可不希望没“面子”，就会主动自发地想做得更好，也就能变得更加坚强勇敢。

3. 积极带孩子参加实践，扩展孩子对坚强的认识

培养孩子的意志力，这绝对不是口头说说就可以做到的，勇敢和坚强也不会因为孩子听到“意志力”便可以做到，所以，我们更应该重视孩子在生活中的实践，从真实的经验当中培养意志力、学会坚强和克服困难，这才是最好的培养。

有些教育专家常提到“劣性刺激”的方法，就是用来考察孩子意志力强弱的。所谓“劣性刺激”其实很简单，就是由家长故意为孩子制造困难，小挫折也好，小处罚也罢，只要是在孩子的意志承受范围内，家长都可以让孩子亲自去进行实践和体验。别担心孩子会受伤，如果今日的小挫折就能伤害他们，将来的大挫折一定是孩子无法承受的。只有在各种困难面前，一次又一次被击倒，再一次次地站起来，最终将它们打败，孩子才能真正体验到勇敢、坚强的意志到底是怎样的。

“他们都比我强”
——击退“自卑感”，孩子将不再内向怯懦

我们经常提到自卑的负面影响，但是许多家长却并没有正视这个问题，因为在他们眼中，自己的孩子是生活在一帆风顺的幸福环境中的，又怎么可能培养出自卑的性格呢？

然而，自信和自卑往往就像光与影，总是形影相伴。只要有光的地方就一定会有影子，哪怕是再自信的孩子，内心总有那么一小片不愿意示人的脆弱。只要孩子曾经在某些时刻接受过大的打击、对自身产生过怀疑，就很容易出现自卑倾向，而自卑感会使他们变得内向又怯懦。

【案例一】

在我的朋友圈中，妮妮就是一个安静又内向的孩子，每次聚会的时候总听她的妈妈抱怨：“我的孩子太过安静了，以前觉得这是一件好事，但现在才发现这会让孩子总是显得小心翼翼、有些自卑。”

前不久，妮妮的妈妈又讲了这样一件事。她说，自己周末的时候带着妮妮去了英语学习班，因为妮妮从小就在双语幼儿园中学习，英语水平放在这种初级班里可一点儿都不差，妈妈就想，这样，她总该勇敢发言了吧？

可没想到，其他的孩子操着并不熟练的英语也积极回答老师的问题，而妮妮却坐在课堂角落里，半节课都没有说一句话。

妮妮妈妈就悄悄问：“老师问的问题很难吗？你是觉得不会回答吗？”

妮妮摇了摇头说：“这些我都会。”

“那……”这让妈妈感到很疑惑，“你为什么不主动去回答呢？我觉得你可以答得更好。”

妮妮却没有说话。

回到家仔细询问过后，妈妈才发现，原来妮妮在双语幼儿园当中算是英语学得不太好的，这让她养成了一个习惯——尽量不在人多的地方开口说英语，以免他们纠正自己的口音等问题。哪怕妮妮明知道周围的小朋友并不如自己，但还是首先想到了：如果自己说得不好，一定会被别人笑话！她还坚信自己一定会出现这种问题，所以才总是不开口。

妮妮的妈妈开始变得困扰起来，如果孩子总是这样用自卑的态度去对待一切，不愿意展示自己，遇到事就往悲观的地方想，还没有尝试过就开始气馁了，她以后怎么可能创造一定的成就呢？

由此你就会发现，在日常生活中孩子可能会因为任何一种原因而出现自卑倾向，哪怕只是其他孩子比他们做得略好一些，经过比较后也还是会变得气馁、受到负面情绪的影响。这种自信的缺乏，如果家长不能够及时疏导或者并不重视，甚至觉得这可以让孩子变得谦虚因而放任，就很容易逐渐让你的孩子变得悲观消极，甚至在群体中孤僻起来。

有些家长同妮妮的父母一样，都感到非常疑惑：自己的孩子并没有生活在一个压抑的环境当中，平时也没有什么不足，更没有受到过什么批评，为什么也容易出现自卑的倾向呢？

孩子的自卑感往往来源于多个方面，生活中的许多因素都容易让他们陷入消极情绪当中。比如有的孩子先天就比较敏感、心思细腻，所以他们容易多疑，也容易自卑。别人的一两句评价或看法，只要稍稍有些负面，就容易让孩子长时间地记在心中，并且形成不积极的自我认知。这种没事儿就在心里贬低自己的孩子，久而久之自然就会变得自卑起来。针对这种情况，家长就需要及时鼓励孩子。

还有的孩子则会因为自身的缺陷容易变得消极悲观，比如有的孩子可能体型比其他朋友略胖一些，就容易在群体中受到大家的打趣和奚落，时间一久，他们就会格外在意这种身体缺陷，并且因此感到自卑，一碰到跟这些问题相关的方面就像触发了自己的禁忌，反应格外激烈。

【案例二】

小胖在学校当中是一个比较乐观的孩子，所以老师们一直认为他跟自卑沾不上边的。别看这孩子身形稍微有些胖，因此得了“小胖”这个外号，却永远都是一副乐呵呵的样子，别提有多讨喜了。

然而最近这段时间，老师却发现了小胖内心的自卑一点都不比别人少。

事情的起因来源于一场联欢会，老师设计的班级节目是大家一起在台上跳体操舞，这样简单的动作孩子们都能学会，而且对他们强身健体也有一定好处。但是一听到要上台去跳舞，小胖的表现就和其他同学截然不同，他非常抗拒，甚至屡次跟老师说自己不想上台。

为什么平时乐观开朗、总是积极参与班级活动的小胖，如今变得如此反常？

老师通过仔细了解后发现，其实，这孩子非常介意自己的缺点，比如身材有点胖这样的小缺陷在他心中就很受关注，因此他觉得自己的体型很容易招来别人的笑话，一到这方面的问题就格外敏感。这次跳体操舞，就让他觉得需要在大家的瞩目之下展示自身会暴露缺陷，所以就难以忍受了。

你看，就算最乐观开朗的孩子，也容易因为自身的问题或者环境因素而导致自卑感，有的家长还并不在意这一点，甚至会经常呵斥孩子、直指他们的缺陷，造成的结果就更显而易见了——这简直就是雪上加霜啊！

所以，想让孩子击退自卑感、远离内向和怯懦的性格，我们就需要多给他们一些积极的暗示，让孩子能从心底感受到自信和对自身的认可。

正确的培养方法：积极转变情绪，不被消极自卑态度影响

总有一些人认为，孩子对自身期待度并不高也不算太大的问题，反而可以“知耻而后勇”。但是他们却没关注过，孩子会因为这种低期待度而导致个性的缺陷，不能发展健全人格。

其实，有缺点并不算什么，只要孩子可以接受并正确认识，积极进行改变与突破，反而会形成完善自我的动力。意识到这一点，孩子的个性培养就有了方向——让孩子能正视不足，但绝不能让他们产生自卑。哪怕孩子凡事喜欢往不好的方面想也没关系，只要带着孩子努力进行改善，让他们意识到这种“不好”可以凭自己的努力而避免，就能够成就孩子健全的个性。

如果家长们要帮助孩子建立积极情绪，避免出现自卑等问题，以下几点方法尤为重要：

方法一、心理暗示

这时的孩子个性正处于培养关键期，家长应该及时对孩子进行积极的心理暗示。比如，家长可以通过鼓励的语言，让孩子在心理上产生积

极向上的动力。“你能行”“你做得非常好”“这样做太棒了”等词语是可以给孩子良好心理暗示的，而在形容与孩子没有直接关系的事件时也是一样，不要总是提出“这很丑”“这些一点意思都没有”“早晚要失败”这样的形容，如果家长总是喜欢否定生活中的一切，也会让孩子变得自卑、不够积极。一个积极的形象应该从家长身上传递到孩子身上，才能扭转他们对一切的过低判断。

除了语言上的暗示，行为、环境方面都可以进行积极心态的建立。比如昂头挺胸式的快走运动，就可以让人积极、自信起来。带着孩子多做这样的动作，可以快速消散在孩子心头刚刚萌生的自卑情绪。在环境方面，不要总让孩子躲于一个角落，坐公车也好、到学校上课也好，多坐到位置显眼的前排，能让孩子更容易摆脱孤僻、自卑。

方法二、鼓励孩子多参加集体活动

越是胆小、自卑的孩子，越怕参加集体活动，反而习惯将自己封闭起来。家长应该带着孩子多参加小朋友之间的聚会、游戏等活动。特别是那些可以在户外进行的游戏，比如“老鹰抓小鸡”类的游戏，或者是角色扮演类的游戏，比如“小红帽的故事”。这样能让孩子逐渐打开封闭压抑的内心，同时因为户外游戏的放纵，可让孩子慢慢敞开心扉，从而与小朋友们更融洽地相处。如果此时孩子迈不出这一步，家长不妨亲自与小朋友们打成一片，有家长参与其中的游戏，喜欢做出自卑判断的孩子会感觉到安全一些，感受到“自己更容易被接纳”，这样，就能更快走进集体活动中去。

方法三、让孩子有感受成功的体验

对有自卑心态的孩子来说，担心失败或者做得不够好是很正常的现象，这是对成功认识不足的表现，家长可以有意识地安排孩子体会成功的滋味。

将一些简单的事交给孩子来做，并在他做完之后，极力夸奖他做得好，比如让孩子在吃过饭后将碗盘拿到厨房，然后便认真地夸奖孩子："你做得可真好，妈妈工作一天太累了，要不是你帮忙，都做不完家务了呢！"当然，具体事情家长完全可以随机选择，主要目标就是为了让孩子体验成功，并对他进行鼓励，只有成功经验积累得足够多时，孩子才会在内心感受到积极情绪。

方法四、能让孩子学会界定失败

所谓自卑，其实很多时候是怕事情做不好，怕别人笑，或者是发自内心地觉得一件事没有意义。对孩子来说原因往往是前者，之所以产生自卑心态，其实就是无法判断后果而引起的过分担心与害怕。这时家长不妨为孩子界定失败的后果，防止他无止境地猜想反而将自己吓到。比如告诉他，这件事如果做不好，则会浪费一点时间；这个话说不好，可能会让事情变坏。但是，同时也要告诉他，万一发生这样的事，接下来应该怎么做。

举个例子，让孩子洗一双自己的袜子，如果他表示担心洗不干净，妈妈就要告诉他"你洗不干净我就会重新来洗，这并没什么大不了"，这样孩子就会在心里清楚地意识到，失败不过是一次重新来过的机会，并没什么大不了，自然内心的负担就减轻了。

“试一试，也许你会喜欢呢？”
——鼓励孩子多去尝试，扩大自己的“舒适区”

当看到这个题目的时候，可能家长们首先想到的问题是：“什么叫自己的舒适区？”

舒适区，在心理学上讲是一个人习惯的行为模式。当我们处于熟悉的环境当中，内心会自然而然地感觉到舒适和放松，这是过去所构筑出来的安全感给我们的影响，比如当我们在家时就会明显感到比在外更加舒适，整个人表现也轻松一些。但一旦走出了舒适区，我们就会觉得有些不适，这是因为不习惯而造成的，也是因为缺乏安全感。

举个简单的例子，如果过去从来没有背英语单词的习惯，突然开始背英语的时候就会非常抗拒，这是因为在习惯建立之初我们会感觉到不适，所以这就是一个走出舒适区的过程。一旦能够将背英语单词从不适应转变成习以为常，我们就会从英语学习里感受到乐趣，变得舒服、放松起来。所以不少人提出，人的一生就是应该在不断挑战舒适区当中度过，不断走出已有的安全环境，可以让我们获得更大的成就。

对孩子来说，走出舒适区原本是一个非常简单的事情，因为每一个孩子都是好奇宝宝，他们的好奇心和探索欲望空前地高涨，所以他们的舒适区其实是最广阔的。但也因为性格原因，有的孩子就比较胆怯，不愿意去尝试，他们的舒适区就比较狭窄。在孩子的个性塑造过程中，我们期待他们拥有开朗、乐于探索的积极性格，这就需要让孩子有一个广阔的舒适区，愿意去尝试新鲜事物。

因此，经常鼓励孩子去探索、发现自己喜欢的事情，是家长们在塑造孩子个性过程当中最应该重视的。有些时候，在家长眼中深恶痛绝的“三分钟热度”“想一出是一出”，往往就是孩子一种乐于探索的表现，其实并非坏事。

【案例一】

小云的成长过程在他人眼中就是一个“别人家孩子”的培养典范，这孩子从小就博闻广识，十分优秀，学习能力也很强，以优异的成绩考入大学并获得了一份满意的工作。但说起教育的时候，小云的父母却觉得自己并没有做什么指导，唯一特殊的，大概就是小时候对她的奇思妙想格外纵容。

儿时，小云就是一个有“三分钟热度”的孩子，对一切事情都充满好奇，但也很容易被更新鲜的事物吸引注意力。大多数父母对孩子这样的想法，都是采取不赞成也不反对的态度，任由孩子自己去折腾，心里想着“反正过一阵子他就没有热度了”。但小云的父母却不是这样，只要孩子有了新的小想法和提议，他们就会非常热情地帮助孩子一起实现，哪怕她在完成一个小目标做出一个小成果之后，就被其他的事情引走了注意力，父母也不会因此斥责她或者不再重视她的需求。

这就让小云保持着非常高度的好奇心，在以后的学习过程中也依旧如此，所以才能够在自己的专业上做出优异的成绩。

对孩子想法和好奇心的排斥和训责，往往会极大地伤害他们探索和尝试的欲望，导致孩子的生活变得越来越了无趣味，更愿意缩在自己狭窄的舒适区中，而不肯去尝试。

有些父母经常为孩子懒惰、不爱交际、不喜欢新鲜事物而感到烦恼，但有没有想过这些表现可能跟自己过去不恰当的教育有关呢？也许过去孩子曾经积极探索过什么，但因为过程中有不恰当的行为，比如不小心弄坏了家里的家具、打碎了碗碟、拆坏了手表，最终被父母呵斥，所以他们才会逐渐失去探索的欲望。仔细想想，很多家庭都曾经遇到过这些问题，正是因为有了父母种下的因，所以才有了孩子缺乏探索欲、好奇心和积极态度的果。

所以，我们不应该将孩子探索的双手推出去，而是要主动拉着他们告诉孩子：“去试一试，也许你就会喜欢呢？”

【案例二】

东东是一个比较有好奇心、喜欢积极探索的孩子，不管生活中遇到什么困难，他都能够乐观地主动去想办法解决，而不是因为现有的难题而愁眉苦脸。

之所以有这种性格，与父母从小的培养有密切的关系。东东小时候曾经因为好奇心太盛，拆坏过爸爸昂贵的手表，也曾经因为突发奇想要出门玩，就一言不发跑出了家门，差点让妈妈急坏了。在他闯了这样的大祸之后，父母在焦急之余，首先想到的并不是不管不顾的训斥，反而是耐心的交谈，引导东东认识到这些事情中好的一面在哪里，不好的一面在哪里，让他知道自己哪儿错了、哪里又是值得鼓励的。

比如拆坏了爸爸的手表，东东爸爸是这样说的：“首先，你有好奇心和探索的欲望，这一点非常值得鼓励。做人嘛，就是要有一点好奇，不然跟咸鱼有什么区别？”说到这儿，东东就忍不住被爸爸逗笑了。

紧接着，爸爸又开始说需要改进的一方面：“不过你还是有做错的地方，比如你不经爸爸的允许就动了爸爸的东西，还把它弄坏了，这就是你的错误。下次你想要去做什么事情的时候，应该先取得同意才能去做，如果你提前告诉爸爸自己想要研究一下手表，爸爸完全可以给你买一块，也不至于造成太大损失，所以这是你做错的地方。”

最后爸爸严厉地批评了这一点，东东也答应以后会改正。这样的教育虽然也让东东意识到了错误，并且学会了约束自身，却没有如简单粗暴的训斥那样打消他研究和拓展的积极性，所以东东始终保持着非常高涨的热情和好奇心。

正是因为他有着这样的性格，才能多次在航模比赛、科普大赛当中，用自己做出来的小发明和小创造获奖，大家都说他以后可能会成为一个科学家、发明家。

由东东的案例我们可以看到，对孩子的教育绝对不能是简单粗暴的，哪怕一件小事，我们也要注意同时维护孩子的自尊心、呵护他们好奇的萌芽，也让孩子意识到错误。这样的教育需要家长多思考，不能进行“无脑式育儿”。

正确的培养方法：陪伴鼓励孩子，给他们创造尝试的机会

孩子越是缺乏自信、缺乏积极的情绪，家长就越是应该鼓励他们去尝试新鲜事物。每个人的成长道路都会遇到第一次，如果我们现在不让孩子去尝试，以后他的眼界就会变得狭窄，无法收获成功或者是失败，也就无法从中获得自信并积累知识。有些家长觉得孩子习惯于待在舒适区的做法是省心、乖巧，是值得鼓励的，其实，这就是我们在用自己的羽翼遮挡孩子去看世界的眼睛，剥夺他们去探索世界的机会。

所以，不要让孩子害怕失败，多让他们去试一试，也许他们就喜欢上了呢？多去做一做，也许就成功了呢？经常进行积极的鼓励，孩子们

才会有积极探索的乐观心态。

1. 我们要主动鼓励孩子去尝试新事物

新事物在许多家长，尤其是母亲的眼中，往往代表着危险和不安。在他们眼里，自己的孩子永远都是没长大的样子，贸然去尝试新鲜事物一定会遇到危险，所以家长常常成为阻拦在孩子前面的第一座大山。

我们要做一个教育型的家长，自己就一定要学会把这座大山搬开，并且带着孩子去主动尝试。比如孩子想去自己接水，我们首先想到的不应该是“万一烫到怎么办”，而是“来，妈妈帮你一起接”；孩子看到带刺的玫瑰花想摸一摸，我们要想的也不是“上面有刺不可以动”，而是轻柔地握着孩子的小手，在避免受伤的情况下让他们亲身感受。只有不断地鼓励孩子，对他们的尝试表达自己的支持，孩子才会变得越来越勇敢、越来越积极，并乐于去挑战未知的事物。

2. 有尝试的机会要上，没有尝试的机会，创造机会也要让孩子上

有时，我们的生活中并没有那么多尝试新鲜事物的机会，尤其是随着孩子越来越大，他们对世界的认知越来越完全，我们也不能时刻给他们提供新鲜事物来探索。

此时，家长们可以创造机会让孩子去尝试。比如在周末的时候主动带孩子去没有去过的公园玩，带孩子去尝试一些没有做过的手工，进行一些过去没有接触过的游戏。在这些不断尝试的过程中，孩子不仅可以拓展自己的思维能力、感受到生活中的乐趣，也能够体会到如何克服困难，更能够习惯于走出舒适区，而后者将是影响孩子一生的重要改变。

3. 不要让孩子惧怕在尝试中面对失败

我们经常鼓励孩子去尝试，用的名目是“也许你会喜欢”“也许就成功了呢”，但同样我们也要让孩子意识到——只要是尝试，就一定有可能会面临失败，也可能面临自己不喜欢的事物。

要让他们对此有所准备，千万不要让孩子因为一次失败就厌恶尝试，从此变成一个不喜欢探索、不愿意去尝试新鲜事物并做出改变的人，要做到这一点，就需要让我们对孩子进行“失败科普”，让孩子意识到自己可能是失败的，并事先对此有所准备，这样才不会因为骤然的打击而失去探索的欲望和信心。

4. 我们要陪伴他们，并且提供适当的帮助

每一个尚未独立的孩子内心都极其缺乏安全感，如果家长让他们去尝试新鲜事物，自己又不陪伴在身边的话，完全陌生的环境会让孩子产生恐惧，很有可能让他们下一次不敢再去尝试。一旦如此，那可真就是得不偿失了！

所以我们应该始终告诉孩子“不要怕，妈妈爸爸就在你身边”，也应该在他们出现难题的时候及时去帮助；如果孩子做出了一定的成果，我们就要及时表扬和鼓励，这样他们才能始终保有尝试的积极性。

“我最好的朋友是自己”
——让孩子跟“自己”做朋友，增强认同感和自信

跟自己做朋友，换句话说就是让孩子爱上自己、接受自己、认同自己。

这样的潜在表现，就是培养孩子的自信。前面我们曾经说过，孩子应该学会击退自卑感，而对自己的认同和喜爱，就是我们远离自卑的最佳表现——既然已经爱上自己了，就说明自己是有一定可取之处的。

在家长眼中，每个孩子都是可爱的，怎么会有不喜欢自己的孩子呢？可是还真不一定，有些孩子对自己的认同感就不是很强，他们总会羡慕别人，认为“这个朋友长得好看”“那个同学特别聪明”，轮到自己的时候，就只是撇撇嘴、摇摇头了。

这种对自身的不认同，并不是谦虚的表现，而是孩子发自内心不接受自己的表现。一旦出现这种情况，一般不用怀疑，这黑锅肯定是要父母背的——绝对是教育方法出了问题。

【案例一】

雷雷是个活泼开朗的孩子，唯一的缺点就是有点不自信，这会让他在某些时刻显露出脆弱和自我怀疑。有一次，班里的刘老师让雷雷上台

去朗读一篇课文，因为在群体朗诵时，他发现雷雷读得特别好、特别顺畅且字正腔圆，可是雷雷却摇了摇头，嘻嘻哈哈地跟老师说：“老师，我读得不好，不想上去！”

这样一连坚持了好几次，刘老师终于放弃了，但他看着雷雷的笑脸，总觉得这孩子压根儿不是紧张的表现，该不会是故意不想上台吧？

下课后，刘老师就跟雷雷谈了谈，发现他还真不是故意的——这孩子就是这么想的。雷雷不好意思地挠挠头，说：“我爸说了，我这样还差得远呢，让我虚心学习，不要老出洋相。”

原来，雷雷爸爸一向实行的是“挫折教育”，为了避免雷雷骄傲自大，就算他做了什么好事，有什么好的成果，爸爸都很少鼓励，反而总是拿别人的例子给雷雷做榜样，让他跟别人学习。长此以往，雷雷对自己的定位就偏移了——我虽然对现状满意，但也知道自己能力不行。

这样的错误认知，让雷雷在开朗的性格下，隐藏着深层的自我怀疑。每个人都需要从他人那里获得认同感，得到来自他人的肯定是我们内心的需求，对尚且幼小的孩子来说更是如此。

父母的表扬，能够让他们极大地获得满足，是他们茁壮成长的最大推动力。所以我们应该学会肯定孩子的行为，而不是总打压他们的积极性。要记住，好孩子是夸出来的，帮助他们建立自信和自我认同，才能让孩子培养出健全的人格。

当然，这也并不是意味着我们就一定要对孩子的不足之处视而不见，过度的赞扬和不切实际的夸奖也容易引发孩子的一些问题，所以家长要做的就是赏罚分明，既不吝啬于奖励和表扬，也不能忽视孩子的问题，这样才能让孩子全方位改进并加强对自己的认同。

【案例二】

正处于小学二年级的思思觉得爸爸是世界上最严厉的人，因为他对她的要求太严格了。

有一次，思思在考试的时候因为稍微有些马虎，写错了一个答案。好在最终得了95分，让她挺满意的，但回家之后爸爸却指着卷子对她说："你错的这个地方是因为粗心导致的，本来就不应该错，为什么没有考100呢？"

虽然爸爸说的话有道理，但是思思的热情也被他打消了不少。尤其第二天，思思知道自己的好朋友只得了82分就得到了爸爸妈妈的表扬，这让她觉得更不平衡了。

为什么朋友考得还没有自己好，却能够得到来自父母的夸奖，而爸爸却对她这么严厉呢？带着这样的疑惑，思思产生了自我怀疑，学习的时候更是一点劲头都没有，一到考试就特别紧张。

一段时间过后，她不仅产生了厌学的情绪，还变得过于安静、不爱说话了。

虽然思思的父亲对她严格要求也是为了她好，但对孩子来说，他们在成长过程中更需要来自父母的关爱和肯定，而不是简单空泛的说教；他们更需要的是对自己有一个正确的评价，而不是一味的谦虚谨慎。

培养孩子的自我认同感，对孩子的健康成长有着巨大的影响。一个能够自我认同的人，首先是自我了解，他根据已有的经历进行反思、对自己产生理解，最终才会得到认同。认同感来源于孩子对自己的"接受"，不管是好的还是不好的方面，孩子只要能够接受，就都算作自我认同。有些时候，缺乏自我认同感的孩子不仅仅是对自己的缺陷过于敏感，对自己的优点也没有太大认识，所以他们才会觉得自己一无是处。

造成这样的结果，大多是因为父母平时对他们太过严厉，不经常表达对孩子的肯定，导致他们缺乏安全感和信心，才会导致自我认同程度变低。

培养自信的个性可能比获得一次满分更加重要，希望我们的家长能够更重视孩子的个性培养，而不仅仅是关注他们的分数。

正确的培养方法：给孩子以充分的信任，不要打压他们的积极性

要提高孩子的自我认同感，首先要学会鼓励孩子。家长们要把“你真棒”“你这次做得不错”放在嘴边，学会渐渐抛弃“你还不够好”“你还需要继续努力”那些词汇。

总而言之，要平等地对待你的孩子，千万别把他当成自己的下属。对孩子，有殷切的期待是好的，但却应该通过正确的方式表达出来，让孩子感受到积极的一面。这要求我们从以下几个方面入手：

1. 对孩子多进行正面评价，负面评价要言简意赅

要让孩子健康全面发展，自然少不了对他们的缺点进行批评，但一定要注意控制批评和表扬的“比例”。

更多地对孩子进行正面的评价，保证对孩子的鼓励要多于对他们的批评，这才是培养积极性格的要点。如果孩子做了一件好事，我们可以通过大量的词汇和笔墨去重点描述，而对孩子的缺点，则通过“说清楚，一次到位”的方式解决。尽量一次让孩子理解错在哪里，但绝对不要频繁重复，更不能总在孩子耳边唠叨。

如果我们总是关注他们的负面问题，很容易给孩子造成他的生活中只有批评、没有鼓励的感受，让他对自己的自我认同程度降低，变得不自信。如果孩子不能够挺直腰板，说一句“我能行”，对自己有所信任，之后的道路就会越来越难走。所以，家长千万不要为了培养孩子谦虚一点，就不断打击他，这只会从另一方面给他带来更大的心理负担。

2. 要给予孩子足够的信任，不要怀疑他们的能力

每一个孩子最初都怀着一颗积极向上的心，都想要用正面的态度去迎接困境，但正是因为来自家长的怀疑和不信任，导致孩子逐渐失去了积极性。

信任的力量能够改变一个人，当我们将信任托付给孩子时，他们才学会认同自己、信任自己。

美国的一位著名心理学家曾经做过这样一个实验。

他来到一所小学，煞有介事地进行了一番调查，然后出具了一份名单，告知老师们——名单上的孩子，都是将来最有发展前途的人。这个消息并没有通知给孩子，而上面的名单也是随便写的，但是老师们却因为对心理学家的信任而深信不疑，并且将这种信任给予了名单上的孩子。奇迹发生了，几个月后，只要是写在上面的孩子成绩都有极大进步。这说明了什么呢？说明来自他人的信任和有意无意的鼓励，会让孩子变得更加积极和优秀。虽然他们只是随意挑选出来的，但是因为老师在后期对他们产生了潜意识的信任感，所以他们才有了更多进步的机会。

3. 大胆放手，让孩子自己去做事

不管是学习还是成长，最终都是孩子自己的事情，家长可以引领他们走上道路，可以从旁辅助，但绝对不能过多干涉。

当孩子已经出现自我意识的时候，独立去完成一件事情往往更能展现他们的自我价值，也能增加他们对自身的认同感和信心。如果家人总是从旁干涉，恨不得越俎代庖事事代劳，孩子只会觉得兴趣越来越浅，并且无法从这样的成功当中得到自我认同。

所以，我们一方面要鼓励孩子去尝试，另一方面又要学会放手让孩子自己去做，给予他们足够的信任，这样孩子才能够增强认同感。

第五章　塑造性格，先让孩子学会表达交流

“请你帮我拿一下……”
——学习礼貌用语，孩子交流更有自信

礼貌是人类特有的文明行为，它能够直接反映一个人内在的道德素养。当我们教育孩子的时候，更应该培养他懂礼貌的好习惯，只有这样，孩子才能够懂得尊重别人并获得他人的尊重。

礼貌用语的教育尤为重要，它就像是孩子步入社会和群体之前的必须要配备的“特殊武器”，如果不带着礼貌用语“入场”，孩子交流起来就会没有底气。

很多孩子之所以在群体中不太受欢迎，并因此拒绝与别人交流，或者他们总学不会如何主动表达，就是因为自己不懂礼貌用语的运用，导致他们在跟他人交流的时候总是无法处于同一个频道。你会发现，当孩子在外不会用礼貌用语时，他常常会显得寸步难行。

【案例一】

因为从小身体弱，小可没有上过幼儿园，她直接进入小学学习。一下子将孩子送入集体生活中，让小可的父母非常担忧，万一孩子不会交朋友、不会跟同学相处怎么办？而担心什么来什么，开学没多久，老师就反映了这个问题。

小可的人缘似乎不太好。

在班级里，虽然老师已经说过她的特殊情况，让同学们多多照顾她，但孩子们还是渐渐开始疏远小可了。爸爸妈妈觉得这是小可不太会交友导致的，就忍不住问了问孩子的同学，为什么不爱跟小可一起玩。

小朋友们支支吾吾了半天，才说了一句："她太没礼貌了，不想跟她聊天。"

原来，小可平时在家里跟父母没大没小习惯了，加上从小就一直被宠爱，又没有真正与同学相处过，没礼貌的地方有很多。常常直接用"喂"来称呼别人，请求别人帮忙也都是用祈使句——"你给我把××拿过来""我想喝水，你给我倒吧"……

这种颐指气使的样子，让小朋友产生了莫名的排斥，大家就不太爱跟小可玩了，而小可似乎也渐渐意识到了这一点，最显著的表现就是，她现在越来越沉默，能不说话就不说话。

当孩子在家中时，用不用礼貌用语都不要紧，很多家长也不在意，但进入社会后，尤其是在同龄人之间，孩子们都是各家各户的"小殿下"，谁也没比谁更高贵，没礼貌的后果就体现出来了。如果你的孩子说话不礼貌，会直接影响他们跟同龄人之间的交流，一旦导致表达、交流障碍，一方面他人不愿意跟孩子聊天，另一方面孩子自己也会自卑、害怕，所以就渐渐失去表达的欲望了。

如果造成这样的后果，孩子可能会越来越孤独，甚至是越发孤僻，对他们的成长而言并没有好处。

除了能够帮助交流，孩子从小懂得用礼貌用语也能够帮他提升综合素质，可以说，这是一件终生受益的事情。

我曾经看到过这样一个事例。

有个以优秀成绩在学校毕业的大学生，想要办理出国手续，最终却被拒绝了。他非常不满，为什么其他不如自己的人都能够顺利通过，只有自己被拒签呢？而且理由竟然是奇葩的“综合素质欠缺”，其实，签证官压根就没有看到他的综合素质。

可是面对大学生的质疑，签证官却非常有理由地解释了一番。原来，在他们面签的过程中，他的整个过程都非常“傲慢”，并不跟任何人礼貌地打招呼，还在面签前后对跟自己一起来的母亲大呼小叫，一点也不懂礼貌。

签证官认为，一个人的成绩好坏并不是最重要的，相反，其综合素质反而影响更大。综合素质，顾名思义就是一个人品行与能力的结合，而必要的交流礼仪当然也属于其中之一。既然每年都会有相当一部分人因综合素质不达标而被拒签，他被拒签也就不是什么意外的事情了。

由此家长们就应该明白，我们必须培养孩子使用礼貌用语，这样，孩子才能顺利与他人交流，并培养出积极性格和进入社会的能力。其实，教导孩子学会用礼貌用语并不是什么麻烦的事，因为只要在日常当中，多与孩子进行相关练习、引导孩子重视礼貌用语就可以了。比如，让孩子跟别人打招呼时，父母除了让他们说“你好”，再多带上一些具体的称谓，比如“哥哥”“姐姐”“叔叔”“阿姨”等；说话时用微笑的表情来面对孩子，并且习惯使用“谢谢”“对不起”“你好”“请”等，哪怕对孩子说也是一样，他们就会学到；除此之外，还要教导孩子不能对比自己大的人直呼其名，更不能打扰别人、随便插话等。时间长了，孩子就会在心里形成对礼貌用语的重视，养成懂礼貌的好习惯。

正确的培养方法：通过耳濡目染的培养，让孩子礼貌交流

礼貌用语的教导多半发生在生活中，就像我们刚才说的，孩子只要学会运用一些礼仪词汇，在讲话时表达对他人的尊敬，礼貌交流的目的就达到了一半。而通过何种方式来传达礼貌用语，家长们可以好好琢磨一下。

建议一、可以引导孩子学习故事人物的语言

学习的最开始应该是模仿，想让孩子学会礼貌交流，能够积极而不枯燥地“学”是最重要的，我们不妨让孩子通过“模仿别人”的游戏来进行。

给孩子找一个正面、积极的故事中的人物，让孩子进行模仿，这个方法不但生动、形象，还能促进孩子对礼貌用语的理解和运用。通常来说，运用故事人物模仿的方法，可以让孩子学会礼貌用语的用法，这比单纯让孩子记住各种礼貌用语要理想得多。

建议二、为孩子创设一个礼貌用语的环境

孩子知道了礼貌用语后，就要运用，若不运用就等于没学。家长不妨为他创造一个适当的环境，让他多多使用礼貌用语。比如，当孩子想要玩积木时，让他自己去请求家庭成员将放在柜子上的积木拿下来，然后告诉他应该这样请求别人：“请您帮我把积木拿下来可以吗？”得到积木之后，还要说：“谢谢您。”在多种环境、情景事件中进行练习，能让孩子很快熟练运用这些礼貌用语。

建议三、让孩子主动与人打招呼

与家人使用礼貌用语可能对孩子相对简单，但走出家庭这个范围之后，孩子会有些不好意思，也会对称呼的使用不那么确定。这时家长就

应该当场指点孩子如何与人打招呼，比如妈妈带孩子出门，刚好碰到买菜回来的邻居奶奶，就要先与邻居奶奶打招呼，然后对孩子说："这是李奶奶，和李奶奶打个招呼吧，说李奶奶好。"这样孩子就会明白，见到这个邻居奶奶之后如何运用礼貌用语、如何与人打招呼了。

建议四、家长以身作则，孩子才能耳濡目染

要想让孩子具有良好的礼仪、有风度的举止和高雅的气质，一定要注意从小就开始培养，这样才能让孩子从内而外做到"懂礼貌"，而最简单也是对孩子影响最深的教育方式，就是家长的"以身作则"，用自己的行为来影响孩子。

我们该如何潜移默化地在生活中影响孩子，让他们能够礼貌交流呢？可以从下面这几个角度着手去做。

（1）对待孩子的态度要礼貌

在教育孩子应该懂礼貌时，如果父母自己做不到"礼貌"二字，孩子恐怕也学不会如何懂礼貌。我曾在火车站边见到一对母子，母亲在广场上大声地冲自己的孩子吼叫着："都说了让你小点声说话，不许嚷嚷！"虽然她的目的是让孩子不要在大庭广众之下喧哗、尖叫，但是自己用这样大吼的方式来教导孩子，孩子会如何反应？果然，孩子的应对方法就是：比母亲叫得更大声。

当大人们正在密切交谈时，如果孩子在旁边插嘴，大人就会懊恼而烦躁地呵斥他："大人讲话的时候，小孩别插嘴！"态度一点儿都谈不上礼貌。如果对方不是你的孩子，而是一个同龄的成年人呢？恐怕你绝不会用这种态度对待他。这就说明，我们始终将孩子"看低"了，没有用合适的礼仪来对待他。

要想让孩子知礼仪，就一定要用同样懂礼仪的方式对待，尤其是在我们想要教育他的时候，只有这样，才能起到以身作则的作用。粗鲁的方式只会让孩子产生逆反心态，说不定孩子的行为更加极端，比如大吼大叫、满地打滚或者推搡父母等，问题会更加严重。

（2）教导孩子的语言要礼貌

不管是过于严厉、不顾虑孩子自尊的批评和指责，还是过分悲观的判断，对教导孩子知礼仪都不会起到积极的作用。如果我们常常在孩子耳边唠唠叨叨，或者不分场合地随意指责教育他们，比如在大街上、在孩子的小伙伴身边，都会让孩子产生抗拒心态，无心去体会家长想要传达给他们的内容。

很简单，因为你的这种行为伤害了孩子的自尊，让他们厌烦了，这也是非常不礼貌的，所以，这种负面情绪导致自己无法接受你的建议。别看孩子的思想简单，他们一样也能表现出“逆反”，比如你越是强调，他们就越去触犯，或者表面上答应了却根本不注意这方面，事实上这两种习惯比孩子不懂礼仪带来的危害更大，一旦他们习惯于用这样的态度对待父母，父母在教育孩子这方面就失去了权威性，也错失了和孩子之间最好的交流时机。

所以，我们要用合适的语言在合适的环境下教育他们懂得礼仪，在孩子的小朋友们面前要给他们留面子，然后在私下里通过沟通的方式，将他们的问题、礼仪的重要性和影响都细细解释给孩子听，他们会更容易接受。一定要记住，只有你以礼相待，孩子才会用礼仪回报你。

（3）抓住示范的机会，给孩子展示什么是礼貌交流

我们要求父母在生活中重视自己的榜样作用，对孩子“以身作则”，但很多父母都觉得很难做到——平淡的生活中很少有可以展示礼仪的机会。其实，这些示范的机会有很多，就看你能否抓住。

当我们去别人家里拜访或者家中来客人的时候，就是很好的教育孩子的机会。父母可以带着孩子一起准备礼物，教导孩子如何去主人家做

客，或者如何招待别人，通过让孩子参与进来、跟父母学习的过程，让他们学会礼仪，同时也达成我们“示范”的目的。这种结合情景的示范例子，给孩子带来的影响是巨大的，他们也会非常愿意听从父母的教导。

“你来帮妈妈跟阿姨说！”
——给孩子创造交流的机会和成就感

一个开朗热情、愿意积极对待事物的人，往往都是乐于交流的。我们正是在交流的过程中学会成长，在交流的过程中不断地完善自己，让自己的人格更加健全。

一个不爱与他人交流，不愿意向他人展示自己并倾听别人的人，在群体当中的评价往往非常简单——孤僻。

对待不爱交流的孩子，大多数家长可能都有些束手无策：并不是我们阻碍孩子去参与正常的社交，而是他们自己拒绝出门，拒绝与同龄人交往，这该怎么解决呢？

出现这种情况先不要慌，既然孩子自己放弃了交流的机会，那我们就应该努力创造更多的交流机会给他。就算一次还是不能奏效，十次百次，总有一回他们愿意走出家门去交往，只这一次就足够让我们打开孩子的心门了。

还是那句话，没有机会，家长创造机会也要让孩子上，这一点放在交流交往上也是非常有效的。

【案例一】

十岁的琳琳经常遇到一些交往上的问题，父母认为这个孩子可能天生就不太会与人交流，因为她从小就相对安静，在交朋友这件事上着实没啥天赋。

然而，琳琳的姑姑仔细观察孩子的生活之后，却对她的父母说，孩子并不是天生不会交朋友，而是他们压根没给琳琳交朋友的机会。

姑姑说："你们看，琳琳从小就被你们拘在家里。因为怕外面不安全，你们不愿意让她自己出去跟朋友玩儿，你们的工作又这么忙，更没机会带她出去，她就从小生活在相对孤单的环境中。上了学也是一样，每次一放学你们就把她带回家写作业，根本就没给她留下和同学交往的时间。没有时间去维系友情，孩子拿什么去跟别人交流呀！"

姑姑不顾林林父母的抗议，在暑假时将她接到了自己家中。这个假期琳琳过得愉快极了，姑姑不仅没有给她报任何辅导班，有时间就带她出去玩儿。最开始，安静的琳琳并不喜欢这些活动，她更愿意自己宅在家中看看电视、玩玩电脑。可是如此重复了几回，她却感受到了其中的乐趣，最后还交上了一个新朋友。

作为社会动物的人类，还真没有几个天生就愿意自己一个人待着的。虽然有些人最开始会抗拒集体活动，但时间久了、这样的活动多了，他们也会享受到在集体当中的乐趣。那为什么一开始他们会如此安静呢？很多时候是因为我们没有给孩子提供与人交流的条件，他的成长相对比较封闭，经常处于一个孤单的空间里，自然就学不会跟别人交流，其实，是父母影响了他们与他人交流的机会。

孩子在与人交流的过程中，不仅能变得更加积极外向，而且还能更加自信。因为在交往过程中，他们会获得不同程度的成就感，得到他人的肯定和自我肯定，也能提高自我认同感。

这么一看，把孩子“扔”到集体中，好处远远大于坏处！您不要纠结于孩子是否会受伤、是否会被别人讨厌这样的细枝末节，只要把孩子收拾干净，教会他必要的礼仪，往集体里一扔，孩子总能找到自己的好朋友。在这个时候，父母还是采取“放养法”比较合适。

【案例二】

天天非常喜欢和自己的朋友在一起，他特别不愿意待在家中，一到放假或周末的时候就往外跑；当他内心产生什么小想法时，也愿意第一时间跟朋友分享，而不是同自己的爸爸妈妈说。为此，爸妈感到还挺苦恼，有时想知道天天在想什么，还得打电话问他的小伙伴们。

针对这个问题，天天的父母来找我咨询，我仔细问了问才发现，这是因为天天可能更享受在集体中获得认同的成就感。说实话，天天的父母非常重视教育，天天也是个相对优秀的孩子，只是还不能达到优秀到令人侧目的地步。为此，父母总是想激励他继续努力，所以在生活中很少对他进行鼓励和肯定，更多的是希望他能够改正目前不足的地方，所以在言语之间难免多了些负面内容。

可是，这样传达给天天的却不是什么好的信号，他经常跟父母聊天到一半就没有兴致了，长此以往，天天就不太爱跟父母交流。与之相反，在群体当中天天能够找到兴趣相投的好朋友，大家不管是出于礼貌还是发自真心，总会赞扬对方的优点、互相肯定对方做得好的地方，这样一来，彼此的感情就越来越好了。

天天感受到了在群体当中的成就感，也获得了认同感，自然更愿意跟朋友交流，而不是把想法告诉父母。

其实，孩子是非常简单的，他们渴望得到表扬和认同，渴望能够成功、感受到成就感，而这些在家庭生活中往往是父母不能给予的。我们就像挡在孩子面前的一座大山，既给了他们保护又能成为他们的榜样，却也同样让孩子觉得高山仰止，不可攀登；相反地，在群体当中，他们的优秀往往会给自己带来更多的成就感，所以多让孩子跟同龄人进行交流更能获得自信。

正确的培养方法：鼓励孩子交流，创设交流环境

对比较内向、不爱交流的孩子来说，父母给他们提供交流的机会之前，首先要帮助孩子，迈出内心的大门，然后再去提供充分的交流环境，帮助孩子走入集体当中。

1. 从思想上愿意接纳新的朋友，他们才会利用好交流机会

有些孩子从小就对集体有一定恐惧，他们可能是没太接触过这样的环境，也可能曾经在集体活动当中受到过伤害，所以即使家长鼓励他们进入集体、结交朋友，孩子自己也不会主动去做，甚至排斥来自其他小朋友主动的好意。

为了避免这个问题，家长应该首先针对孩子排斥集体的情况寻找原因，并且速求解决办法。哪怕只是跟孩子进行一场谈心，也要让他们理解父母不会欺骗他们，在群体中交往、寻找一个好朋友对他们来说是有益无害的。只有孩子接受了这样的想法，才会愿意进一步地去同别人交流。

2. 给孩子创设一个良好的交友环境

一个过于闭塞和狭隘的环境，不利于孩子与他人交流交往。有些孩子没有上过幼儿园，在课余时间也没有外出玩耍过，甚至连自己的邻居都不多接触，唯一认识的几个朋友还都是自己的同班同学，这样的情况在城市当中是非常常见的。在这样一个简单而闭塞的环境当中，孩子的交流欲望将会大大打消，因为他们一旦拥有了自己固定的朋友，往往几

年都不会有所改变。

想让孩子在交流交友当中塑造良好的性格，就应该给他们一些多交朋友的机会。我们可以在假期时让孩子参加冬令营、夏令营活动，通过活动当中的各种竞争与比赛，让孩子跟来自各个地方的新朋友一起相处，学会分工合作、共同向着一个目标努力，这样的过程往往会激发孩子的认同感，让他们迅速结下较深的友谊。

3. 教给孩子一些必要的交流技巧

有些孩子有交朋友的需求和积极性，但却不知道该怎么向别人开口，更不知道如何维系一段友情，家长可以提供必要的帮助。教给孩子怎样去交朋友，比如如何跟人礼貌地打招呼、怎样开启一段话题、如何在长时间内维系两个人之间的友情，通过这种指导，我们就能让孩子学会珍惜一段友谊，并从交往当中获得成就感，这也是在给他们创造交流的机会。

“这个叔叔真厉害！”
——“良言易出口”，让孩子学会赞美

学会欣赏和赞美，是孩子提高情商的重要途径。俗话说“良言一句三冬暖，恶语伤人六月寒”，一句好话给别人带来的积极影响是巨大的。您可能会说，既然是这样，家长不是应该学会赞美孩子的吗？怎么又跟让孩子赞美别人扯上关系了呢？

很简单，您希望自己的孩子得到赞美，别人也希望得到您孩子的赞美呀！尤其是孩子在与他人交流的过程中，如果能经常吐露发自内心的赞美，往往能够得到他人的积极回应，这有助于孩子塑造积极的态度和良好性格；如果孩子总是说出“戳人心”的话来，这可不是嘴笨拙舌可以掩饰的，而是孩子情商不高的一种体现了。

【案例一】

爸爸经常教育灿灿要学会夸奖别人，他说，只有这样，才能获得来自他人更深切的友谊。他这样告诉灿灿：“当别人夸奖你的时候，你是不是会很开心呢？每个人都希望获得别人的肯定和认同，所以当别人做得好的时候，你也要学会夸奖他们。”

灿灿一直想找机会夸奖一下身边的朋友。这天，敏敏一脸不开心地

来到了学校，灿灿就问她发生了什么事。敏敏告诉他，昨天自己回家，爸爸说她语文考得太差了，训了她一顿。灿灿就想：这个时候，自己一定要夸赞敏敏。

于是他说："虽然你的语文成绩没有我好，但是也算不错了，你就别难过了。"可是听到了灿灿的话，敏敏并没有开心起来，反而觉得灿灿是在变相炫耀自己的成绩好，于是更伤心了，她趴在桌子上不理他了。

这让灿灿很意外，自己说了实话，而且也夸赞了敏敏，为什么她觉得不开心呢？

很简单，灿灿虽然认为自己在夸赞别人，但他的态度有些太敷衍了，而且明确表示了别人并不如自己这个事实，就会让朋友在接收信息的时候感到不愉快。简单来说，灿灿虽然有了赞美别人的意识，却不是发自内心，更缺乏一定情商。

可以说，发自内心的赞美首先应该是源于事实的、真诚的夸奖，绝不能是虚伪的甜言蜜语，更不能用表面夸赞实则攻击他人的方式，这样的话，反而会伤害别人的感情。

夸赞别人有很多好处，我们教孩子学会夸奖别人，不仅不会让孩子在比较当中觉得自卑，还会让他们更有积极向上的冲劲。

【案例二】

轩轩是一个很难看到他人优点的孩子，不管别人做得多好，他总是觉得：哼，这一点他就是没有我强！有时候，他也爱用别人的缺点跟自己的长处相比较，以此获得自信。

父母本来觉得轩轩的这种习惯不算什么大问题，反正在外他总是表现得很礼貌，这种小心思也只有回到家才会体现出来，但是他们逐渐发现这种习惯非常不好，因为轩轩的自信是盲目的、是不基于事实的，很容易让他高估自己的能力，一旦受到打击就立刻萎靡了。

比如在一次考试中，轩轩被自己一直看不上的某个同学超过了，这个事实让他愤愤不平，此后，他忧郁了很长时间，甚至因此迁怒于这个科目，好长时间都没能重新打起精神学习。

从此，父母开始引导轩轩多去看别人的优点，学会真诚地去赞美别人，承认别人比自己强这件事。最开始轩轩非常抗拒，但慢慢他也认识到了这个事实，能够发自内心地承认别人的优势了。

结果却是激发了他的斗志，让他能够在真诚赞美他人的过程中也鼓励自己，积极向别人学习，进步也更快了。

能够敏锐地发现别人的优点，用朴实的语言赞美他人，是孩子在自我评价他人过程中的一大进步，这可以帮助他们更好地去认识这个世界，并对自己进行定位。对他人的赞美不仅能收获友谊，还能激励自身，可以说有着多方面的好处。

正确的培养方法：态度要真诚，赞美成习惯

如果说赞美别人是孩子的一种习惯，那么这种习惯就要从小开始培养。当他们的世界观、价值观已经固定的时候，再要求孩子学会真诚地赞美别人，往往只能教会他们言不由衷的夸赞，却不能让他们真正发现别人的优点。

在教导孩子赞美别人的时候，我们应该从以下几个方面入手：

1. 不要把虚伪的夸耀、不切实际的甜言蜜语当成赞美

有些孩子只要说两句甜言蜜语，家长就会夸奖：“嘴真甜，真会说话。”但是要记住，会说话不一定就是会赞美，美好的甜言蜜语也许只是他们习惯性的表达，他们并非真正认识到了你的优点，只是习惯于夸

奖别人。

所以，只要孩子学着“嘴甜”，并不能真正达成让孩子学会赞美、认识别人优点的目的。

赞美和谄媚也是截然不同的，当孩子们学着说一些甜言蜜语去谄媚他人的时候，想到的只不过是获得一定的好处；只有他们能够发自内心地真诚赞美，才能真正让别人感受到爱和善意。

2. 赞美他人的态度应该郑重，不要漫不经心地随口而出

有些人即使是夸奖别人，也会让别人窝一肚子火，就是因为他们的态度太不真诚了。

比如，当我们看到“是是是，您太厉害了”“您是谁呀？我可做不到”这样的话时，能够感受到对方的夸赞之意吗？不，我们平时习惯于用来讽刺别人。当我们对别人的赞美态度不真诚、十分敷衍时，让别人感受到的并不是舒适，反而是尖锐的讽刺，比恶语伤人更令人难受。

所以，学会恰到好处地郑重赞美别人，绝对需要下一番功夫。

3. 赞美应该是有根据的，绝不能随便乱说

我们教导孩子学会赞美别人，一定要告诉他们，前提是对方的确有值得赞美的地方。这样的话，夸奖和发自内心的敬佩才会显得更加真诚，对方才能感受到我们的善意。

有些时候，仅仅用笼统的语言表示“你真好”“你太厉害了”，并不算是真正的赞美，孩子也不能从中发现别人的优点。所以我们可以引导孩子，当想要夸赞别人时，应该具体到事情。假如觉得妈妈做的饭好吃，就要说“你今天的饭菜做得真好”，而不要说“妈妈你太棒了”，前者能够让人感受到他的诚意，后者却不知道孩子到底在赞美什么，这也是表达情绪不够到位。

4. 直接赞美和间接赞美一样能够达到目的

除了语言上的表扬外，孩子还可以通过行为、动作或者是眼神来赞美别人。即使语言不通，人们有时也可以顺畅地交流，正是因为我们对表情动作的感受敏感度远远超过语言。所以，孩子除了真诚地用语言赞美之外，还可以通过其他方式达到鼓励别人的目的。

当然，我们最好不要直接把它当作技巧教给孩子，而是要在生活中由父母示范，让他们学会感受这种赞美的好处。比如当孩子做对了一件事的时候，我们就可以直接为他们鼓掌，如果他们做了令我们感到惊讶、惊喜的事，我们就可以夸张地睁大眼睛、开心地捂住嘴巴，这些较为夸张的情绪表达，都能够让孩子在生活当中耳濡目染地学会，并且能够传达给别人。如果将它们当作技巧来死板地传授给孩子，关键时刻他们一定表现不出来。

5. 想让孩子学会赞美别人，父母首先要学会赞美他们自己

一个从来都没有接受过他人赞美的孩子，是很难发自内心去搜索词汇、赞美别人的。很简单，他们都没有得到过这种感受，又怎么能体会到赞美对他人的重要性，并真诚地送出自己的善意呢？孩子在成长过程中，父母的夸奖和鼓励更是必不可少的，所以我们不应该吝啬自己的赞美，要学会在生活中肯定孩子，他们才能够学会去积极地肯定别人。

“你来猜猜看”
——用开放性语言引导孩子“多说话”

每个孩子的小脑袋里都好像装着一个大大的问号，他们每天缠着家长从“这是什么”问到“那是什么”，这是大多数父母最头痛又快乐的时刻。过去，我们常常对孩子的问题感到不耐烦，现在大多数家长明白，孩子愿意提问，绝对是一件好事。一个喜欢提问的孩子往往代表他们有探索精神，他们的问题里如果出现有思考价值的内容，就更不得了了！这一定是个脑子灵活的聪明孩子。也有很多孩子因为性格影响，长成了个“闷葫芦”，就是不爱跟人交流，更别说缠着父母提问题了，此时，我们就得主动引导孩子说话，教孩子学会交流。

其实这是一件很有技术含量的事，掌握不好技巧，就算您说得口干舌燥，也很难从孩子口中“撬”出几个字。不信，我们来看看下面这位苦恼的妈妈遇到了什么问题。

【案例一】

王妈妈最近遇到的最大问题，就是自己的孩子太“木讷”了，一点表达交流的欲望都没有。别人家的孩子听个小故事，都能在父母的引导下说出自己的想法，甚至创造出一个全新的故事、一个更有趣的世界，一看就显得机灵，可自己的孩子呢？就算她一句一个问题，主动引导着孩子，她还是说不出几句话来。

每日的例行睡前故事时间，又成了王妈妈的苦恼时段。

“白雪公主是不是很漂亮啊？”她刚开始讲这个童话故事，就跟女儿交流起来。

“是。”

“那王后是不是太恶毒了呢？”

“对啊！”

“你想不想看到王子来救白雪公主呀？”

“想。”

…………

不管她问什么问题，孩子都很乖巧地回答，答案也中规中矩——可就是太规矩了。一共几个字的回应，更显得孩子乖巧得过头、缺乏创新。

这位妈妈只顾着自己苦恼，却没想到孩子“木讷”的根源在哪里，也许正是因为她的提问压根儿没给孩子留有“说话”的余地。

当我们在问出“是不是”“行不行”“能不能”这样的问题时，其实就把问题从“填空题”变成了一道“选择题”，留给孩子的回答范围很窄，只有“是”或者“否”两种，所以，孩子就被这样的提问禁锢住了，很难发挥出自己的创造力，更没有表达欲望。

这就是封闭式的问题。比封闭式问题更加禁锢孩子思想的，则是有引导性的问题，比如“你该不该遵守纪律”“你是不是应该道歉”这样的问题，答案从二选一变成了——孩子只能回答“应该”，因为你的问题已经透露出倾向性。

所以，提这样的问题跟孩子交流，家长只能面临自己唱“独角戏”

的尴尬局面了。家长在这边滔滔不绝，孩子在那边愣愣地听，完全没有接话的机会，怎么能学会表达、积极交流呢？

想引导孩子表达交流，就得打开他们的思维，这样才能“打开话匣子”，我们的引导问题也应当是开放式的。少让孩子做“选择题”，多让他们写写“填空题”，答案才会更加丰富多彩，孩子的思路才能真正被调动起来，而不是在乏味的问答中变得僵化。

下面这位老师就做得非常好。

【案例二】

快上课的时候，刘老师从教室外抱着一个盒子走进教室。班里的一个小男孩看到了，就好奇地凑过去，问刘老师：“老师，您手里拿的是什么呀？”

刘老师没有直接告诉他，反而笑了笑，卖了个关子：“你猜猜这是什么呢？”

“嗯，快上课了您还带着它过来，这肯定是教学用具！”一听让自己“猜”，男孩一下子就有了精神，眉飞色舞地探究起来。身边几个同学听到了，也跟着凑过来玩“猜谜”。

“没错儿，可是你知道这里面放着什么？”

“班里的教具都是齐全的，老师拿的肯定是这节课要用的……”

“对啊，那你们还记得咱们这节课要学什么吗？这里面就是我们要用到的道具！”

“我记得我们这节课要学拼七巧板，里面一定是七巧板吧！”

听到这个答案，刘老师笑了笑，打开了手中的大盒子——果然，里面是一套套的七巧板，专门给孩子们准备的。大家一看，全都兴奋地叫起来，这绝对是一节很有趣的课啊！

刘老师在孩子们产生疑问的时候，并没有直接告诉他们答案，而是通过引导和开放式的提问，让孩子们一步步自己猜出了结果。这个过程既培养了他们的观察、推理和逻辑思维能力，又调动起了孩子们的情绪，给即将到来的一节课做了很好的铺垫。最重要的是，这是典型的有效交流，孩子们乐于主动表达意见、彼此互动，从而提高了交流能力。

这种开放式的引导对提升孩子交流能力是有益的，能将孩子的思维彻底“盘活”，不仅让孩子乐于表达自己、积极展现自己，还对培养他们创造力、联想能力有极大好处，这正是我们期待的过程。

正确的培养方法：学会给孩子提开放性的小问题

促进孩子多表达交流、让孩子培养外向型性格，可以通过给孩子提问的方式去进行。在提问中，千万别出现“是不是”“对不对”“行不行”这类问题，这是交流的大忌，而在将目光放到开放式问题上时，也要掌握一个“度”，那就是不能太“开放”了。过于开放的问题等于抽象，对孩子来说是很难回答的，所以想要引导他们“说”，就得有有效的“引导”过程，提问题应该循序渐进，要较为具体。

我记得曾经看到过这样一个故事：

刚上幼儿园的孩子们回到家后，父母都问了一个问题：“今天在幼儿园做了什么呀?”有的孩子喜欢玩耍，就对父母滔滔不绝地讲述了与小朋友打闹的经过，于是父母想：“原来幼儿园天天让孩子玩，什么都学不到。”

有的孩子比较敏感，在幼儿园很不适应，就说幼儿园哪里都不好，老师也很凶，父母就想：“明天得找幼儿园领导反映一下。”

有的孩子则将注意力放在老师教的新东西上，就给家长展示了一番，于是父母觉得：“幼儿园非常好，应该好好感谢老师。”

看，一个抽象问题——“在幼儿园做了什么”，就会因为孩子们的关注点不同得到不一样的回答，产生天差地别的结果，有时甚至会引起孩子的负面情绪。更多时候，孩子们的回答则是吞吞吐吐的，因为他们一天经历的事情很多，自己也不清楚该说什么，反而逻辑混乱了。

这种不清楚该怎么回答的矛盾，在家长看来就成了“孩子太笨，连这点小事都说不清楚”，时间久了，还会引起孩子的厌烦与抵触，很容易将一个积极的交流引导偏了方向。所以，开放式问题该怎么问，还是需要一定的方式方法的。

原则一：开放式问题应该具体

比如想了解孩子在幼儿园做了什么，可以说“你今天跟老师学了什么新东西”“和朋友们玩了什么”“交了哪个新朋友”，然后再就具体的方向开展下去。有了回答的方向，孩子就知道该怎么说了，这种轻松的引入，更能引起他们的表达兴趣与欲望。

养成习惯后，下一步就是孩子主动表达的阶段了。只要引起孩子的兴趣，还担心他们的小脑瓜里没有想说的话吗？

原则二：可以在发问中多作假设、举例子、作比较

文学作品中，假设、例子和比较都是丰富作品内容的表达方式，放在与孩子的交流中也是一样。通过掺杂着假设、例子和比较的提问，能够让孩子的思维更开阔，联想能力更丰富，表达能力也有所提升。说不定，他们丰富的表达能力还能让你大吃一惊。

做假设，就是在发问时，寻找一个“假如情况是这样，该怎么做”的切入点，让孩子从假设的角度出发，天马行空地想象。这种思考不需要基于现实，更能让孩子的思维少一些拘束、更有话可说。

举例子，就是在提问时多举类似的例子，能让孩子更迅速地理解比较深奥的问题，并且产生联想。

作比较，则是尽量让孩子自己去比较两件有相似点的事物。这个比较的过程，能让他们更好地认识到事物本身，思考面更广。

原则三：多让孩子思考其他的情况

在现实中，我们只会得到一种结果，但是也可以引导孩子思考其他情况。比如已经解决的问题，可以问问他们“还有其他的解决办法吗”，对已经发生的事，可以问“还可能产生什么结果呢”。这样，可以让孩子的考虑更加全面，增强思维的严密性，也给他们创造了表达自己的机会。

原则四：引导孩子把握描述事件的几个要素

有条理地描述一个事件，往往要从“何时、何地、何人、发生了何事、原因、过程”六个方面入手——这也是新闻描述的六要素，说明只要有这六个要点，一件事就可以简明地被说清楚。

让孩子培养归纳能力，也是从这几个要点出发。我们在提问的时候，可以有意识地引导孩子囊括这几个要点，时间久了，他们自己就能体会到这几个要素的逻辑性，在自我表达上更有条理。

“老师批评我，我不敢跟他说话！”
——正确对待批评，孩子才会积极勇敢

幼儿时期的孩子其实和成年人一样，更能接受表扬，而对批评则不太容易理解。不过，家长在对待这个问题的时候，不能因为孩子反感批评就让孩子回避受到批评的事实。正确地对待批评与培养良好的接受心态，可以帮助我们塑造孩子的良好性格，这对孩子以后的人生也具有一定积极作用。

假如将批评看作是孩子成长道路上的一次“挫折”，那只有从这种挫折锻炼当中站起来，锤炼出更加坚强的性格，孩子以后才能更加勇敢，用积极的态度对待风雨。很多孩子平时表现很开朗，但是一受到别人的批评就立刻“蔫儿”了，这就是受挫太少，其实，这样的个性其实并不稳定，很容易因为挫折发生转变，属于个性塑造的缺陷。

【案例】

圆圆妈家的小儿子在幼儿园中是个非常开朗的孩子，个性、习惯等方面也发展得很不错，圆圆妈一直都觉得，其他家长所面对的孩子不肯上学、胆子小、不爱说话等问题在自己儿子身上都没有，这倒是让圆圆妈长舒了一口气。可是，有一天她却发现，其实，自己的孩子也没那么

开朗坚强，一样存在着个性上的问题。

事情还要从上个月的幼儿园手工大赛开始说起，当时儿子亲手制作了一个机器人，他非常高兴地说："妈妈，我这次肯定能得第一名。"可结果偏偏出人意料，当儿子将自己的机器人放在小桌子上时，被后面进来的小朋友不小心碰到了地上，机器人摔坏了。这下儿子急了，伸手推倒了那位小朋友。为此，老师批评了儿子。

当圆圆妈去接他时，这孩子居然一看到妈妈就哭了，那委屈的样子，圆圆妈当时心里都有点不好受。她虽然很想开导儿子，可却一时不知从哪里开始说起，还以为过两天就能好了。

可这件事过了好几天，儿子一直不愿与老师说话，还说老师肯定不喜欢他而更喜欢那个碰坏自己机器人的小朋友，甚至因此不太愿意去幼儿园了。

你看，当孩子没有受过挫折的时候，家长对他们的一切判断都是流于表面的。看到孩子在问题面前的反应，我们才能找到他们的性格缺陷。当然，这并不代表家长要以强迫的态度来让孩子接受批评，也不是说我们就要"创造批评"的机会。只是，如果遇到要批评孩子的时候，家长应该注意方式方法，让孩子能借助批评顺利地蜕变。

处于幼儿时期的孩子，其思维方式与成人有别。通常，成年人以左脑的理性思维为主，而孩子在这一时期却是以右脑的感性思维为主。也就是说，幼儿阶段的孩子对批评的认知是与成年人不同的。他们所感受到的委屈与不满，甚至是反抗意识也就更强烈一些。在这种情况下，家长及时的引导非常重要。

正确的培养方法：积极开展批评与自我批评，对孩子而言也很重要

有些家长总会感到困惑，如何来与孩子解释所谓批评，其实这真的没有什么难度。比如，孩子在幼儿园受到了批评，对此非常想不通。家长此时不应该直接以一副做思想工作的态度来与孩子解释批评本身，诸如“老师说得对，你应该怎么样怎么样等”。而应该及时和孩子进行沟通，这可以通过做游戏，或者聊天等互动方式，慢慢引到批评的事件。然后，家长要保持和孩子站在同一阵营的态度，用较为轻松的语言来表达给孩子听：“这没有什么呀，我错了我改就是了。”如此一来，孩子内心就会在面对批评时顺其自然，如此再接受起来就容易多了。

家长想教育自己的孩子正确接受批评，必须讲究方式方法，以下几个方面，家长就应该多加注意：

1. 不要不理睬孩子在批评面前的无助

有些家长认为，批评对哪个孩子都是再平常不过的事，没必要特别说明，慢慢他自己就会习惯了。还有的则觉得，批评完孩子就得“冷冷”他们，让他们自己去想想后果，这样才能产生好效果。

我曾经遇到过这样一个母亲，她每次严厉批评过孩子之后，都会让孩子去墙角边罚站半小时，这个时间留给她“好好想想妈妈说的对不对”，所以一家人都不能跟她说话、交流。时间久了，孩子慢慢就改变了性格，从一个开朗调皮的姑娘变得越来越小心、紧张、敏感，甚至有些神经质。后来在高中阶段，因为压力太大，孩子患上了抑郁症。

医生说，孩子心里藏了很多事情不敢倾诉，所以才会有这样大的心理压力。

看，当孩子在面临批评表现无助的时候，把他们丢在一旁显然不是

好方法。有的孩子会因为无法消化这种感受，最终形成心理上的问题，所以，家长需要与孩子进行沟通，讲一讲批评的本质，再联系孩子对批评事件的认知，来达成孩子对批评的理解。比如，家长可以用小故事中的案例进行说明，告诉孩子如何对待批评，这样孩子领会得更快一些。

2. 告诉孩子人生不可能不被批评

确实，人的一生不可能永远不被批评，批评能让人的内心变得强大，也能让人生走向更美好的方向，这是促进，更是关怀。家长给孩子讲解批评的时候，就要引导孩子去听批评后面的意思。比如，孩子已经理解了批评，家长就可以问孩子："老师为什么要这样说呢？"孩子就会联想到自己做的事情哪里出了问题，如此，他才能在批评中进行总结，并改正自我的习惯。

3. 给孩子解释的机会

批评对孩子有帮助，让孩子说出自己心里的"道理"也非常有必要。我们说，孩子的思维与成年人不同，这就需要家长带着孩子慢慢地由感性走向理性。让孩子对自己的行为进行解释，家长慢慢地将批评与孩子的行为进行分析，孩子就可以更虚心地接受批评了。比如，当孩子将自己的行为进行解释之后，家长按孩子容易理解的"对"与"错"来帮他分析事情本身，让他自己总结是对还是错，这样孩子就会很快平复内心委屈的感受。

4. 教孩子批评他人或者事件

这应该是一种对比的引导方式，家长应该告诉孩子，每个人都会批评他人，但也必须接受他人的批评。比如，家长可以让孩子说出自己某件事不对的地方，告诉孩子："这些意见其实就是对他人的批评，你认为对方对这些批评接受好呢，还是直接反驳你更好？"孩子这时就会明白，虚心接受批评很有必要，因为他自己能将错误的地方进行改正。

第六章 在交往中发展性格，你的孩子将更开朗

“和小朋友们一起玩好吗？”
——引导孩子主动融入群体

相信所有家长都会对自己孩子的未来有过各种美好的期待。有些家长希望小孩平安快乐地长大，能够认真学习，将来考个好大学，顺顺利利地开始自己的生活；有些家长注重孩子的特长培养，琴棋书画样样精通，诗词歌赋也能吟诵几首。但是您是否注意过，孩子在学校与同学的交流相处问题呢？

每天妈妈爸爸从学校接孩子放学时，总会和小朋友们谈论起这一天的学校生活，那您是否注意过，在孩子的谈话内容里，有没有集体活动呢？也许您会觉得，孩子安静地在一旁学习是安稳、听话的表现，甚至有些家长认为人际交往能力长大了自然就会了。如果您这样想，就进入误区了！

请看看下面这个小朋友的故事，这样的情况您是否似曾相识呢？

【案例一】

当当从小有爷爷奶奶照顾，直到四岁才被送到幼儿园。头几天，当当遇见这么多同龄的小伙伴很是高兴，每天都很开心地被奶奶送去上学。可是，才过了一周，当当就有小情绪了。他把小脑袋往被子里一藏，闷声闷气地喊着：

“当当不要去幼儿园了，小朋友都坏，他们不和我一起玩，我要自己在家玩玩具！”

这下可把爷爷奶奶急坏了，宝贝孙子在学校被人欺负啦？

后来，还是爸爸妈妈问出了端倪。原来是因为当当在幼儿园和小朋友一起玩玩具时，从不愿把玩具给别的小朋友，因此小孩子们也就不和当当一起玩了。

孩子不爱去幼儿园，是一种普遍的现象，但这简简单单一句“我不想去上学”的背后，可能是由各种原因引起的，家长在面对这种情况时，可别急着批评孩子，粗暴地把小孩送进幼儿园也是不可取的。家长首先要耐心地问清楚孩子的小小心思，再慢慢疏解。

上述案例中的小朋友，因为在幼儿园被孤立，无法融入集体而不喜欢去上学。但这个问题真正的诱因，其实是孩子自己比较自私，不愿与其他孩子分享玩具引起的。当孩子长期与成年人生活在一起时，容易缺少集体生活的意识。加之父母、长辈对孩子的溺爱，一切物质条件都是有求必应，孩子哪里会懂得什么是谦让、什么是分享呢？长此以往，孩子就会变得孤独、占有欲过强，从而缺乏与同龄人交往的能力，不懂得如何融入集体生活中去。

其实，学龄前儿童及小学低年级的孩子，“以自我为中心”是一种客观存在的、较为普遍的心理现象，在这个时期，孩子的自我意识快速发展，他们的自我存在感越来越强烈，所以总希望得到他人的关注、认可和赞美。尤其是他们倾向于从自己的角度来认识事物，因而很难换位思考，从他人的立场、角度认识事物。

这时，就需要家长从中引导，摆正孩子在家庭中的地位，避免过度溺爱。同时教会孩子什么是分享，什么是谦让，以身作则，让孩子学会把爱扩散出去，要学会博爱。

下面这位妈妈，就很注重对女儿进行“爱的教育”。

【案例二】

端午佳节，爸爸妈妈带着 4 岁的彤彤去参加家庭聚会，爷爷奶奶、叔叔、小姑儿家凑在一起，好不热闹！

“姑姑，你看我的新裙子好看吗？”彤彤充满期待地问着对面坐着的小姑姑。“这是爸爸出差的时候给我买的，我喜欢这个蓝颜色和……”可是彤彤的声音却越来越小，因为她发现，姑姑完全被自己身边的小表妹吸引了。彤彤又转头看看其他家人，发现大家全都被这个第一次见面，正牙牙学语的小女孩吸引了注意力。一时间彤彤委屈地红了眼圈儿，饭也不吃了，推开身边的小表妹，一个人跑到角落躲了起来。

还好，彤彤妈妈及时发现了问题，拉着女儿耐心地给她讲道理。妈妈先是引导彤彤说出自己的心里话，并且向彤彤确认，家人并不是有意忽视她。等彤彤平复了心情，又带着她靠近小表妹，一起和妹妹玩耍。看到彤彤拉着小表妹的手，妈妈也在旁边不停地鼓励她：“彤彤是小姐姐，这是你的妹妹，是我们家庭的新成员，大家爱你，也爱妹妹。你看她那么小，那么柔弱，你要做个勇敢的大姐姐，保护她，爱着她。彤彤以后和妹妹一起玩好吗？”

彤彤慢慢地接纳了小妹妹，看着比自己小的表妹，新奇与喜悦代替了刚刚的委屈。从那以后妈妈经常带着彤彤去看望小表妹，彤彤也很喜欢和小妹妹一起玩玩具、做游戏，有什么好吃的都要给妹妹留一些。学会了分享与谦让的彤彤，与家庭中其他的孩子也相处得越来越好了。

这位妈妈在意识到孩子的问题时，第一时间保护了孩子的安全感，并且没有一味地责备孩子。鼓励孩子与同伴交往，先从家庭生活开始，建立一个良好的家庭氛围，让孩子从身边的家庭成员开始，学会爱与分享。

儿童在这个年龄段因为强烈的“自我存在感”，可能会导致孩子从集体中退缩。加之这个阶段儿童开始对“自我”有一定概念，而对自我的认识都偏向“乐观主义”，一旦他的自我存在感得不到满足，被外界否认，就会产生各种不良情绪，甚至一些不良行为。

所以，在发现孩子出现一些不良情绪时，各位家长一定要问清楚原因，有意识地疏导孩子的情绪，并且配合一定的方法，引导孩子融入集体中去。

正确的培养方法：避免溺爱，引导孩子摆脱“自我中心”思维定式

每个孩子都是家庭的希望与欢乐的来源，在生活中难免会被家长宠爱，但宠爱不是溺爱，有原则的爱才更有助于孩子的成长。人生百年，立于幼学。幼年时期的良好教育，对孩子一生的影响是非常大的，家长主动对孩子心理、行为的影响就显得至关重要了。如何慢慢引导孩子摆脱思维定式，并且融入集体呢？请看下面几个方法。

1. 引导孩子学会换位思考，克服“自我为中心”的习惯

让孩子学会换位思考，是理解与平衡自身和同伴关系的前提。学会了理解同伴，慢慢地也就平衡了自身与集体的关系。在孩子不懂得如何换位思考时，家长应耐心引导。利用情境与孩子实时交流，提出问题让孩子有意识地换位思考。例如在孩子抢了别人玩具而遭到孤立时，问问孩子“如果你没有玩具，看到别的小朋友有玩具会不会很伤心呀？如果你伤心了，还愿意和小朋友一起玩耍吗?”别看这是很简单的问题，小孩子在没有意识的情况下也是完全想不到这个层面的。当孩子意识到，

若不遵守集体的规则，会让别人不愉快，这时，孩子也就意识到了自己行为的问题，从而促进他的亲社会行为。

2. 让孩子在自然后果中懂得遵守规则的必要

在孩子开始了集体生活后，多加引导、鼓励，试着让孩子和各种各样的人打交道。家长不要总和孩子黏在一起，而要让孩子多和同龄人，或兄弟姐妹一起玩耍，这样才能明白相处的概念，三岁以后，孩子会产生社交的欲望，家长也要学会放手。当然，在刚开始的集体社会活动中，小朋友难免有做得不好的地方。孩子的违规行为，叫作自然结果。利用孩子的自然结果，对孩子进行合理、适度的惩罚，这就是利用自然后果。

孩子在某些游戏活动中，经常出现违规行为，此时一个小小的“惩罚”，例如暂时剥夺游戏参与权，这样做的目的，并不是为了惩戒孩子，而是让孩子主动意识到行为的错误性，从而加强遵守集体规则的概念。同伴间的相互约束力也是一种无形的力量，有利于孩子摆脱“自我中心”的状态，站在互惠互利的角度思考问题。

3. 有意识地教孩子一些交往技巧

如前文所述，孩子的人际交往技巧并非天生就有，也不一定会随着年龄增长而增加。对于有一定阅历的父母来说，有意识地教给孩子一些交往技巧，有助于孩子更好更快地融入集体。

交往的技能包括倾听与表达、分享与合作、换位思考与问题解决。家长可以将这些能力的训练放在平日与孩子的游戏中。例如家长可以尝试与孩子玩打电话的游戏，让孩子描述自己所处的环境、现在的心情、想要做的事情，以此锻炼孩子表达自己的能力；玩一些角色扮演类游戏，比如让孩子当小老师或者爸爸妈妈。家长甚至可以故意给孩子捣乱，让孩子思考以往自己行为的后果。再加上适当的提问，让孩子体会不同角色的心理。以此让孩子学会换位思考的意义。孩子交往技能的获得也是需要反复练习的，家长们多带孩子和同龄小朋友接触，参与各类集体活动，让孩子自己去尝试、去练习、去体会。出现问题时，家长不要着急，先鼓励孩子自己解决，坚持以上的原则，慢慢地孩子就能融入集体，享受快乐的集体生活了。

“这些小朋友，我都不认识”
——从小环境进入大环境，让孩子学会适应

孩子在成长过程中，总要不断从一个环境转入另一个环境，比如从家中进入幼儿园，从幼儿园升学……每一次环境的变化，都是一次重新融入集体的过程，如果家长能够得当地加以引导，就可以让孩子的交往能力得到进一步提升，性格也会更加开朗乐观，适应能力也会增强。

当然，做到这一点也很难，因为每个孩子在从小环境进入大环境时，都会产生抗拒和恐慌的心理。从心理学上讲，我们每个人都有一个“舒适区域”，待在这个舒适区域内，人就会有安全感。当我们从一个熟悉的环境贸然进入一个陌生环境时，其实就是从舒适区域走出的过程，缺乏安全感自然会产生抗拒心态，这一点不管是孩子还是大人都有。

【案例一】

嘟嘟很快就要从幼儿园毕业了，嘟嘟妈就开始有意识地给孩子讲述一些小学的情况，希望能让孩子提前了解，以便孩子更快地适应。

嘟嘟妈告诉孩子“进入小学以后你会认识更多的新朋友”，本意是想让孩子了解，那是个新鲜的环境，但是可以认识许多有趣的朋友，所以不必害怕。没想到嘟嘟听到妈妈这样说，可表现得一点都不开心，还

说："我不想认识新朋友，我有莉莉、小飞还有瑞瑞跟我玩就好了。"

这让嘟嘟妈妈感到很困惑，孩子的这几个朋友还是上幼儿园时认识的，当时为了不上幼儿园，嘟嘟就跟家长进行了长达好几个月的斗争，实在不行才渐渐适应了。一直到现在，他也只有这几个朋友，显然是个在集体中没有交往能力的孩子，可现在又要进入一个陌生环境。

嘟嘟真的能够适应吗？妈妈的这个苦恼恐怕暂时无法解决了。

孩子并没有我们想象的那么好哄，不管家长怎么描述新环境的好处，孩子第一个想到的都是"陌生"，他们满足于现在的状态，对陌生环境感到不安全，所以就会抗拒认识新朋友，这属于正常现象。

当你的孩子对"去新环境交朋友"这件事产生抗拒心态时，先不必过于紧张、担心孩子不会交际，因为当他们必须真正处于新的环境中时，自己就会自动与周围人进行交往。但是，这种交往的开始可能有早有晚，有的孩子一开始就比较开朗，有的却比较孤僻，也就是我们说的"慢热"，如果孩子能早点认识周围的朋友，自然对他们在新集体当中的生活、交往有一定好的印象。

【案例二】

在小学开学的前几天，亮亮突然患病了，在医院住了大半月才回家，所以就耽误了入学。不过，妈妈仔细问了老师，发现刚开学大家都没有学任何知识，所以亮亮绝对不会落下课程，她这才放心下来。

正式上课后，亮亮遇到的问题却不是来自课堂的，而是来自和同学的交往中。他说："这两天大家都已经熟悉了，只有我是晚来的，他们都没人跟我玩。"

妈妈这才发现，孩子们之间的友谊其实也挺复杂的。在大家都处于陌生环境中时，孩子就能很容易交到朋友，比如同桌的两个人，只要性格相投，就意味着他们很容易在未来的学习生活中成为最好的朋友，可同样，如果大家都已经逐渐认识了，让一个相对陌生的孩子再建立友情、融入集体就挺困难的了。

亮亮在学校里上了好几天课，才渐渐认识了自己的好朋友，学习也慢慢走入了正轨。但是开学时没人跟自己玩的紧张感，却永远被他记在脑海里了。

所以，我们要做的不是手把手教孩子怎么交朋友，而是教孩子怎么对“新朋友”产生期待，培养他们在与人交往上的积极态度，这样才能让他们在一开始比较容易融入集体。

正确的培养方法：家长别紧张，帮助孩子融入集体

当家长们想到孩子要进入一个新环境时，很多时候都表现得比孩子还要紧张。比如孩子要上小学了，他们一方面担心自己孩子的交际能力，一方面又害怕孩子无法获得老师的喜欢，还要考虑孩子基础打得好不好、能不能跟上课程，可谓是操碎了心。毫不夸张地说，孩子要进入一个陌生环境，家长比他们还累呢！

于是，有些家长往往会因为过度紧张，出现一些不合时宜的举动，反而会给孩子带来不好的影响和过大的压力。出现这些问题，往往是因为父母比孩子还要焦虑，对孩子的能力估计不足、没有信心，过分夸张了新环境可能带来的问题。其实，你的孩子可能比你想象的更容易适应，所以我们完全不必要这样担忧。

正确的态度应该是怎样的呢？

1. 对你的孩子有足够的信心，并且让他们也有这样的自信

告诉孩子“你可以做到”，传达给他“融入一个集体没有那么复杂”的概念，让孩子知道自己完全可以应对当前的一切情况，孩子就会

变得更加勇敢。这种勇气和自信会让他们更快速地适应新环境的学习、游戏，而且他们本身也有这样的能力——环境变化的确没有那么难适应。

2. 不要在孩子心目中“妖魔化”陌生环境

一些家长因为自己过于焦虑，将环境变化这件事看得非常重要，认为孩子一定会受到情绪影响，就想让孩子也意识到这一点，做好心理准备。

如何意识到呢？他们采取的办法就是过分强调环境的变化、落差，以期让孩子也重视起来，能够一起郑重地应对。然而，这更可能导致孩子心中的压力和恐惧感逐渐增大，反而促使他们产生了对新环境的厌恶，这恐怕是许多家长都没有想到的。

所以，不管是多给孩子展示积极的一面，还是就事论事都可以，就是不要夸张化环境改变可能遇到的问题。

3. 家长自己要保持冷静，不要焦虑

有时候，孩子可能是冷静的，因为他们还没意识到环境和自己的生活将会有什么改变，对这种改变也不可能是抗拒的，而是愉快接受的。反而是家长，习惯以成人的思维去思考判断，认为孩子一定会厌恶新的环境，所以自己先焦虑起来了。一旦紧张焦虑，我们就会不自觉地多次提起这些问题，在孩子耳边总是唠叨着相关内容，这就很容易让他们产生厌烦情绪，本来没有想法也被激起了抗拒的心理。

4. 要从多方面入手对孩子进行潜移默化的影响

让孩子能愉快接受即将到来的环境变化，并不是从一方面着手就能做到的，也不是一朝一夕的事情，所以家长最好选择缓慢地渗透、一点点改变和扭转孩子的习惯，让他们学会慢慢地适应，这样更有利于他们的健康成长和发展。

我们可以从以下几个方面着手，帮助孩子在新集体当中开展交往活动。

（1）有意识地给孩子准备一些合理的、帮助他们打开话题的内容

孩子们之间虽然很容易产生共同语言，但一些孩子并不知道如何跟别人开启谈话，尤其是两人过去不认识、没有共同记忆的时候，所以，我们就得让孩子学会主动引出话题，并且能透露一些信息，让他可以跟其他孩子打开谈话。这样，他的人际交往就有一个好的开始。

比如，让孩子学会在陌生人面前介绍自己，告诉别人自己叫什么、有什么爱好、最喜欢做的事情、最爱吃的食物、家里有几口人……介绍完之后，如果是同龄人，可以引导他们问一下："你呢？"这样两个孩子之间就可以打开"话匣子"了。

（2）让孩子明白，陌生的小朋友并不可怕，他们和自己一样都很友善

孩子对陌生环境和新朋友的抗拒，往往是因为"未知"，所以家长一定要让孩子理解，陌生的小朋友和他现在身边的朋友没有什么差别。

我们可以从孩子自己的角度出发去问，问他们"要认识新朋友了，你是不是有点紧张"，如果孩子说不紧张，就意味着他们在交朋友这件事上比较游刃有余、期待值较高，这自然是好事；如果孩子说紧张，那就告诉他们"那个小朋友说不定也是这么想的呢"，然后让他们体会到大家都很紧张，所以要照顾新朋友，主动去跟他们说话。

孩子往往都会只顾自己紧张，却意识不到别人跟自己是一样的。如果他们产生这种认识，就会从别人的角度去考虑，不仅能变得更加体贴，对陌生孩子的抗拒也会减少。

（3）培养孩子积极的、热情的人生观

如果孩子的情绪特别容易低落、容易受到不好的因素影响，那他们在交往上就会很不积极，遇事总往不好的地方想，也更不容易迈出既有的圈子，从而适应新环境。所以，应该多带孩子出去接触自然和人群，从小就培养他们和陌生人尤其是同龄人交流，带着孩子感受生活的美好，让他们有积极、热情的生活态度。

“妈妈，他们不带我玩”
——你的孩子需要寻找友好的朋友圈

你是什么样的人，你的朋友就是什么样的人。

这个说法虽然太过极端，但也反映了一个问题——交友对一个人的巨大影响。一个好的朋友圈，可以从多方面帮助孩子，让孩子从自己的朋友身上得到同样潜移默化的影响，变成和他们更加相似的、优秀的人。而对儿童来说，朋友圈的好坏则表现在“是否友好”上，一个能给孩子释放善意、让孩子快乐玩耍的朋友圈子，将极大地帮助他们塑造开朗乐观的性格。

【案例一】

乐乐是个有点害羞的小姑娘，不太容易融入一个集体中，也不能主动地去交朋友，这让妈妈有点担心。果然，当乐乐上了小学之后，她就告诉妈妈：“小朋友们都不带我玩！”

乐乐说，自己身边的孩子都是从一个幼儿园毕业的，他们都互相认识，也有了固定的“朋友搭配”，自己根本无法融入。而且孩子们之间的友情简单又残酷，也会分出“三六九等”，总会有一个孩子王、一个总被欺负的角色，乐乐虽然没被欺负，但也没好到哪里去。

她成了班里的“透明人”，大家总是想不起来带着乐乐一起玩。

妈妈觉得这个环境不适宜乐乐成长和交往，看着孩子越来越沉默孤单，她咬咬牙给孩子转了学校。这所学校的老师知道乐乐的情况，就特意告诉大家，让小朋友们多带着乐乐一起玩。在大家的热情之下，乐乐没有几天就成了集体中的一分子，还找到了非常好的朋友。

由此可见，给孩子寻找一个友好的朋友圈是多么重要！一个热情友好的朋友圈子，可以让孩子感受到平等友善的交往状态，从中找到自己的知心朋友，并感受到在集体中的快乐；如果是一个排斥孩子的朋友圈，他们不仅会产生对自己的怀疑，还会对集体产生排斥感，一不小心就容易变成“孤僻”的小孩，甚至导致“校园冷暴力”的情况。

一个友好的朋友圈不仅需要家长帮她找寻，还需要孩子自己去维系。在成长的过程中，没有哪个朋友是一直单方面付出的，孩子要长久地开展一段友谊，就必须付出同样多的努力，这样才能获得对等的回报。

孩子的世界，也是讲究公平的。

【案例二】

坤坤曾经有一个非常热情的朋友浩浩。浩浩一见到坤坤就特别喜欢他，觉得坤坤的脾气跟自己很相投，一定能成为好朋友，所以总是主动跟坤坤聊天、说话。在学校的时候，只要有时间出去玩，浩浩总要叫着坤坤一起；回到家里，他也会主动跟坤坤打电话。

相比之下，坤坤就不太会维持这段友情。虽然他也把浩浩当成自己最好的朋友，但因为他性格比较内向，总显得好像不热情似的。

等两人都毕业的时候，浩浩还跟坤坤说：“虽然去了新学校，你也要来找我玩啊！”他还专门邀请坤坤和妈妈去他家里玩了，但是坤坤并没有邀请他。

时间久了，浩浩也认识了新的朋友，渐渐就想不起来叫坤坤一起玩儿了。坤坤妈妈才发现，其实孩子身边只有这一个主动热情的朋友，在新环境中他很孤单，而且也还没学会如何维系已有的友情。再这样下去，孩子就要没朋友了。

在坤坤的身上，不知家长们是否看到了自己或者孩子的影子呢？我们是不是也有这样一些朋友，因为从来没有回应他们。所以逐渐远离了呢？友情需要维护，尤其是孩子的友情更加脆弱，很容易因为一些小事而产生波动，所以，家长应该教给孩子必要的友情维护方法，别让孩子获得的朋友又失去。

正确的培养方法：自然融入朋友圈，教导孩子维系友情

很多孩子无法融入环境的时候，家长第一反应永远都是——一定是你不够热情。

其实，也有可能是孩子所面临的圈子，那些成员对他有些排斥呀！在这种情况下，我们就需要秉持第二套原则了，那就是“排斥孩子的圈子不要勉强融入”。

每个孩子的朋友圈都是相对封闭的，他们还没有学会大量交友，所以融入、维护一个小小的朋友圈对他们的情商发育、性格培养而言很重要。既然这样，我们在超市里买个大白菜还要挑挑拣拣，对孩子加入某个朋友圈这样重要的事情，为什么不能仔细挑选？

告诉孩子，他们应该对别人热情，但也要学会对那些排斥自己的孩子说“不”。

有些孩子在朋友圈中的地位总处于“最底层”，扮演那个一直被挤对的角色。长此以往，会让孩子失去自信、自尊，这样的朋友圈要远离；有些孩子在圈子里是小霸王，但朋友之间都不能互相约束，大家总是一起闯祸、做出不好的事情，对这样的朋友圈要加以约束；有些孩子在朋友圈里很开心，但也经常受到朋友频繁的情绪波动影响，导致大喜大悲，这就应该教孩子学会不被他人影响……针对不同的朋友圈，家长应该采取不同的策略。

一份友情的获得，还需要长期的维护。家长们可以怎么做呢？对此，我们有以下几点建议：

1. 对幼儿园中孩子的朋友，应该保持足够的重视

现在孩子们从幼儿园升入小学，往往都是按照片区划分的，也就是说孩子在幼儿园中的朋友，有相当一部分还会成为小学同学。所以，家长们千万不要认为“幼儿园快毕业了，所以这些朋友不必联系了”，这样不仅伤害孩子的感情，对孩子小学阶段的交友也没有好处。

孩子在新环境里，必然会认识新的老师、新的同学，如果周围有一两个关系好的“旧面孔”，孩子就会更有自信、有安全感，底气也更足。所以，我们应该教导孩子，就算毕业了也要维护好自己的友谊，尊重孩子自己的感情和朋友圈，不要过多地干涉他们的交往。

2. 可以适当地邀请孩子的朋友来家中做客，维持他们长久的友谊

友谊是让孩子健康成长的重要一部分，假如你的孩子正在因为即将与朋友分离而感到苦恼，你可以告诉他们：“就算以后不在一起学习了，如果你想他们，还可以邀请他们来家中玩呀！”这可以在一定程度上淡化孩子因为分离、毕业而产生的伤感，更容易适应新的环境。

3. 不要过多干涉孩子的交友状况

我们都希望孩子能跟让自己放心的朋友一起玩耍，也担心孩子被脾气不好、性格有问题的孩子所欺负，但是这并不意味着我们就有权利干涉孩子的交友自由、代替孩子去交朋友。有些家长不仅连孩子的朋友都要挑拣一番，还对孩子的交友过程指手画脚，就差给孩子包办一切，代替他们跟其他小朋友说话了，这不仅不利于孩子培养社交能力、快速融入新的环境，还会给孩子带来负面的影响，让他们无法在交往中感受到快乐。

如果家长总是从自己的角度出发去评判孩子的朋友，这可能就会伤害他们的感情，让他们在这份纯洁的感情中感受到功利之心，这是非常不可取的。保护孩子的成长，一定要保护他们的友谊。

4. 只要不是原则性问题，就不要插手孩子的交往

重视孩子的朋友圈并不代表我们要经常插手，相反，孩子在五六岁期间很容易和朋友产生小摩擦，这是他们自我意识不太成熟的表现。此时，只要不是违反原则的问题，家长尽量不要去插手、命令他们，而是让孩子自己找到解决的办法，必要的时候只要给予一定指导就行了，但是还是要将选择权交给孩子。

“呜呜呜，小明说我声音难听……”
——被别人嘲笑，孩子应该如何应对？

一个情商高的孩子，逆商也应该足够高，这样才能在遇到挫折的时候，依然能保持坚强开朗的本色，不至于一下子变得颓唐。这种既可能来源于孩子的学习生活，也可能来源于孩子的交友环境。

我们认为每个孩子都是小天使，但不好意思，就算是小天使之间也可能出现或大或小的分歧，说不定哪句话不对，孩子就容易闹别扭。比如，今天这孩子穿了一件花衣裳，有的孩子可能会觉得好看、赞美他，有的孩子就可能觉得可笑、嘲笑他。面对前者，大家自然是喜气洋洋、你好我好大家好，可是面对后者，孩子应该如何应对呢？

要是别人对我们的孩子不太友好、带有嘲笑的意思，应该如何教育他去解决这些事？很多家长都没考虑过这个问题，因为他们下意识地拒绝考虑，自己的孩子竟然也有被人批评奚落的时候。可不管是有意还是无意，这种情况还真的经常发生，如果家长可以忽略，孩子可就真的太无助了。

【案例一】

金妈妈发现，女儿慢慢长大了，开始在意别人对自己的看法了，每次从幼儿园回来，总喜欢和他们讲今天老师夸奖她了、今天哪个小朋友因为没有小红花哭了，等等。看着女儿快乐地成长，家长的内心是幸福的、满足的。

可是，有一天女儿回来却不肯说话，一脸不开心。金妈妈就故意说："今天快乐的小兔子怎么不出声呢？是不是在想心事呀？"女儿才噘着嘴说："班长嘲笑我。"

金妈妈便问："为什么呢？班长怎么嘲笑你了？"

"今天我画画的时候把太阳涂成了黄色，班长就说'你可真笨呀，太阳应该是红色的'，然后其他小朋友就笑了。"

金妈妈知道，这是小孩子的无心之语，其实是没有恶意的，所以说："没关系，班长只是喜欢开玩笑而已，她不是有意的。"

"不行，就不行……"听到这话，女儿突然大哭起来，而且情绪非常激动。

金妈妈这下不知道该怎么办了。当孩子觉得别人在嘲笑自己时，家长要怎么解决才对？这个问题看似简单，却难倒了不少人。

小孩子自尊心过强并不是什么奇怪的事，很多孩子会因为与他人理解事物的感受不同而对看似普通的事情而情绪激动，这是孩子特殊的心理感受所导致的自我认知。所以，如果不是有意的嘲笑和有针对性，家长没必要太大惊小怪，我们绝对不赞同家长为孩子的感受去过度地打抱不平，因为这样只会夸张孩子的内心感受，导致孩子太过自我，从而滋长自私、以自我为中心的个性。

当然，如果孩子遭受到了小朋友有意的嘲笑，家长也需要与对方家长进行一番沟通，及时给孩子提供帮助，做他们最坚实的后盾。只有这样，孩子才能始终在一个有安全感的环境下成长。

【案例二】

嘟嘟妈发现有很长一段时间嘟嘟总是闷闷不乐，在家里也不开心，还不愿意去上学。开始，嘟嘟妈以为孩子只是心情不好，可直到有一天，她发现孩子放学后躲在一边偷偷地哭，这才意识到问题的严重性。

嘟嘟妈问了嘟嘟好几遍，孩子终于忍不住了，“哇”的一声哭出来，而且还大声地说：“你别问了，我不想说！”这让嘟嘟妈担心极了。

没办法，她只好打电话给嘟嘟的好朋友，想问问他发生了什么。这个小男孩说：“嘟嘟最近被两个三年级的孩子欺负了，他们老是嘲笑嘟嘟胖，还说如果告老师的话就打他，所以他也不敢说。”

嘟嘟妈非常生气，怎么会有这样的孩子呢？她找到老师反映了这个问题，并且严肃地跟嘟嘟谈了话：“你不要怕别人的嘲笑，只有无聊的人才会随便攻击别人，对这些坏话完全不用介意，不然，还是你自己吃亏。”

一边教导嘟嘟正确面对嘲笑、不要在意别人的话，嘟嘟妈一边告诉他，如果再有这种情况出现，就要态度强硬起来，或者绝对不搭理他们，这些无聊的人就会走开了。总之，绝对不能因为别人的嘲笑而难过哭泣，那样只会加剧这种侵害行为。

孩子情感相对脆弱，对来自他人不友好的态度难免会夸大自己的感受。家长这时需要告诉孩子，嘲笑是有分类的，有些嘲笑其实并没恶意，如果你反应过度，反而让小朋友感觉你不好相处；同样地，遇到有恶意的嘲笑，必须要予以还击，绝对不能软弱承受，即使自己不能抵抗，也要告诉家长。

最后，还要对家长说一句：一定要约束自己孩子的行为，不要让他养成嘲笑别人的习惯。在日常生活中，不嘲笑他人，拒绝接受不当的嘲笑，才是家长给孩子最正确的成长引导。

正确的培养方法：不嘲笑别人，也不要被别人的嘲笑击倒

虽然处于幼儿时期的孩子对外界的嘲笑接触得比较少，但家长也一定要做足功课，学会引导孩子对嘲笑问题的处理。这是对逆商增长不可或缺的部分，只要引导到位，孩子才会更顺利地成长。

通常，以下几个方面，是应该引起家长关注的：

1. 教导孩子不嘲笑别人

孩子有时会因为不分轻重，加之对词语的理解不全面，所以从父母那里、电视中学习到了嘲笑他人的话。这时家长应该及时教导孩子，让他尊重别人。一个尊重他人的人，一般不会受到来自外界的嘲笑。所以，不嘲笑别人，既是尊重他人，也是自我保护的行为。

2. 学习适当的自嘲

孩子性格过于敏感的话，会在心理上自动过滤别人的语言意味，有时对并不准确的语气，也会产生受嘲弄的感受。因此，家长应该在孩子成长过程中，引导孩子朝着幽默、智慧的方向行走。比如，家长做错事情时，不妨在孩子面前自嘲，自我取笑一番，这样，孩子的敏感度才会适当降低。而且，孩子在家长的熏陶下，在面对相类似的问题时，也会采取类似家长那样的自嘲本领，这对孩子内心自我情绪的把控非常有帮助。

3. 正确处理真正的嘲笑

当孩子受到嘲笑时，不是家长出面为他摆平，而是要有步骤地引导孩子，让他们自己去面对嘲笑并处理问题。比如，孩子说自己受到了嘲笑，家长就要帮他分析，然后告诉他几个有效的方法，譬如一笑了之，或者不予理睬、转移话题等。孩子掌握了处理嘲笑的方法，可以在心理

上获得安全的感受，从而对他人的看法不会产生过度敏感。

当然，如果面对过分的嘲笑，一定的回击还是必需的，这是为孩子建立个人心理底线。家长要告诉孩子：“我们不嘲笑别人，但也不能总是被人嘲笑。如果是我们做错了，就要勇敢地承认，并对问题进行解决；如果不是我们的错，就需要主动与对方进行沟通。”家长不要忘记告诉自己的孩子：当回击了嘲笑自己的人之后，最好的方法是快速离开。这是避免矛盾升级，又可以掌握沟通主动权的方法。

4. 不要把嘲笑放在心上

家长应告诉孩子，嘲笑的语言往往是夸张的，是别人为了伤害他们故意说出的；有时也可能是无心之谈，只是个误会，并没有攻击他们的意思。如果是前者，太过在意嘲笑反而迎合了“坏人”的想法，会助长了他们的气焰，所以我们要打击他们，就绝对不能在意嘲笑；如果是后者，既然是误会，就更不用在意了。

所以，要区分他人客观的评价与嘲笑之间的差别。我们需要认识到他人对自己的客观评价，但也要学会过滤嘲笑，只有这样，才能健康开朗成长。

“他们老是说我坏话！”
——孩子太敏感，也会导致性格缺陷

孩子总是在意别人的评价怎么办？听不得别人的批评，容易情绪低落怎么办？家长一声叹气，孩子眼泪先落下来了怎么办？这些可能都是孩子敏感惹出的“错”。

有些孩子因为先天的因素，性格可能敏感一些。他们会很容易感受到外界的情绪变化，并且大都心思细腻，懂得察言观色。他们会很介意周围人对自己的评价，小朋友的一句话就可能打碎了自己的玻璃心。当然，每个人的性格不同，我们无法用好坏评价，敏感的性格也是一把双刃剑。许多艺术家、心理学家正是因为对世界敏锐的感知力，才能发现常人无法感知的情绪、哲理及美好的事物。另外，敏感的孩子又容易缺乏安全感，容易情绪化，并且内心脆弱无法接受失败或者批评。所以家长要把握适度的原则，多一些疏导，引导孩子如何分辨他人的情绪，理解与接受他人的态度。

【案例一】

薇薇妈妈最近特别着急，女儿从学校回来总是闷闷不乐，写作业慢慢腾腾，一点都不积极。妈妈几番劝说、开导甚至批评，孩子就是不听，稍微说重几句，薇薇就开始掉眼泪。孩子平时不爱说话，又有点胆小，但也不会是现在这个样子啊。

没有办法，妈妈向薇薇的老师了解情况。原来，几天前薇薇因为作业写得不好被老师点名批评了。可被老师批评了，怎么会让孩子不爱写作业了呢？妈妈找了个机会，又一次和薇薇谈心，终于明白了孩子的心思。

薇薇那天的语文作业错别字特别多，又因为当天的语文课听写，薇薇表现得也不好，老师便当着班里同学的面批评了薇薇。可是因为孩子平时比较敏感，这件事之后总是担心同学会笑话自己，在班里更加不敢说话了。回家写作业时，又会想起老师的批评，所以总是慢腾腾，写了又擦，生怕错误太多再遭到老师的训斥。妈妈前几次试图开导微微，可是孩子怕说出实情原委后，妈妈也会责备自己不认真写作业，便把所有的话藏在心里，自己闷了这么多天。要不是妈妈坚持不懈地追问、了解，薇薇也许就会彻底把这件事埋在心里，永远不让妈妈知道。

一次小小的批评，竟然引发孩子这么多不必要的烦恼。我们都知道，学生时期被老师批评是再正常不过的一件事了，即使是父母小时候，也少不了被老师管教。但案例中的薇薇却如此在乎，她敏感的性格，给她的生活都带来了影响。

过度的敏感，会带来很多莫须有的担忧，也就是常说的“胡思乱想”。孩子因为敏锐的感知，产生的“胡思乱想”往往不会引起大人的重视。很多情况下，被父母用“小屁孩儿，哪来这么多想法，别管那么多”或者“你也太敏感了，这些事不需要你考虑”这样的所谓的安慰话语来搪塞。实际上，这样的回应不但不能开导孩子，反而会给他们带来新的烦恼：“真的是我想多了吗？我真的太敏感了吗？”

有些父母，因为自己的孩子性格敏感，在与孩子交流时会更加敏感。聊天时生怕说错了话让孩子伤心，陪孩子玩游戏时害怕孩子承受不了失败而难过。长此以往，家庭的氛围也敏感起来，所有人都过得“小心翼翼”。矫枉过正也是加重孩子敏感性格的因素。太强调“敏感”，反倒会给孩子带来暗示：“我被小心对待，是因为我敏感。”

太在乎也不行，不在乎更不行，我们到底应该怎么做，才能纠正孩子敏感的性格呢？来看看下面这对父母的做法吧。

【案例二】

期末考试结束了，琪琪拿了好几张奖状回家，爸爸妈妈十分高兴，拉着女儿询问成绩。看着红彤彤的奖状，琪琪却先哭了起来。

“闺女在学校被人欺负啦？有什么事给爸说，爸给你解决。”

“不是的，爸爸，我觉得我们数学老师讨厌我。”

“妈妈相信你是个优秀孩子，老师怎么会讨厌你呢？能不能先跟我们说说发生了什么？”

“我这次考试，没有达到语文、数学双百的成绩，数学只考了九十五分。在发卷子的时候，数学老师是把卷子丢到我桌子上的，还批评我这次太粗心了。”

听到这里，爸妈明白了，琪琪敏感的性格又让她因为所谓的细节“想多了”。

“琪琪，这件事情我们要分开来看，”妈妈先开口安慰琪琪，“首先你取得这样的成绩我们已经很满意了，只要你尽力学习，爸妈绝对不会责备你。但是数学老师的批评也没有错，数学没有满分的原因确实是你粗心导致的。”

得到妈妈的肯定，琪琪心情好了许多，于是妈妈接着说：“但是我认为，老师丢卷子并不是在针对你。你想想，全班同学的卷子都要老师一个人发，他难免会简化程序，直接把卷子丢在你们桌子上呀。你既然这么在意细节，有没有观察过别的同学呢?”

看到琪琪不说话，妈妈知道开导奏效了。爸爸接着又说：“所以这件事情，爸爸认为是你自己弄混了。把老师的丢卷子行为和她对你的提醒联系到了一起。如果老师不喜欢你，为什么还要督促你好好学习呢?爸爸小时候呀可调皮了，学习也不如你好，成天被老师点名，但是老师依然没有讨厌我，毕业之后爸爸还经常回去看望老师呢。”

听了妈妈爸爸的开导，琪琪的心里也是雨过天晴，顿时轻松了许多。回头想想自己的表现，也发现是自己太敏感，太在乎老师对自己的态度了。

从这个案例可以看出，琪琪的爸妈非常了解自己女儿的性格及心思，平日里亲子关系一定很融洽，与孩子十分亲近。在女儿因为敏感的性格产生烦恼时，他们没有责怪孩子的敏感，没有给孩子“贴标签”。

先肯定孩子好的方面，再指出她的一些错误想法，使孩子更愿意接受父母的建议。帮孩子分析事情本身，不要沉湎于消极情绪，引导她走出“死胡同”，理性地看待他人的态度。相信在爸妈的帮助下，琪琪一定会慢慢开朗起来，不再那么敏感。这对父母的做法，是值得我们借鉴的。

正确的培养方法：对孩子多一些呵护，父母不敏感也很重要

想要纠正孩子敏感的性格，我们首先要知道一个问题：孩子敏感性格的成因是什么？有心理专家研究表明，孩子在成长过程中缺乏安全感，是造成性格敏感的重要因素，而安全感的缺失源自家庭。父母关系不和谐，经常吵架，孩子因为害怕而极力想要讨得父母欢心，于是他们变得小心翼翼，学会了察言观色，长大后也就养成了敏感的性格。经常

与爸妈分别，得到父母关爱比较少的孩子，对一切外界事物持怀疑态度，做事谨小慎微，特别害怕自己受伤却无人安慰。他们通常会封闭自己，并且在意身边的所有细节，从而养成了内向、敏感的性格。

如果我们能给予孩子足够的安全感，孩子在父母的呵护中长大，孩子有一颗强大的内心，性格也会更加开朗。

下面这几个方法，您可以试试。

1. 大人首先“放轻松”，给孩子一个温馨的家庭氛围

有些家长因为孩子的表现，自己在心里打下了“孩子敏感”的烙印。有了这样的想法，您的话语中就会无意识地带来暗示，行为上也会不自觉地在意起来。整个家庭氛围变得紧张，大家都活得太累。

孩子如果因为敏感而惧怕失败，家长既不能帮孩子阻挡那些可能的失败，也不要刻意制造失败，以此来锻炼孩子。要顺其自然，孩子失败了也不要刻意指出来，尽量用轻松、鼓励的话语带过这件事。最重要的，还是父母对孩子的关爱。“放养式”的教育、“虎爸狼妈”的案例并非适合所有孩子。如果孩子伤心了，就让他抱着您哭一会儿吧，敏感内向的孩子容易用哭来发泄自己的情绪。

2. 走进孩子内心，听听他们的“小心思”

越是敏感的孩子，心里的想法越丰富。不一定哪个细节就会触动他们的神经，产生一系列的烦恼。想要走进他们的内心，可能需要多花一点时间。但我们一定不要放弃，那些在孩子心里过不去的坎儿，如果不及时疏导，很容易“发酵”，给孩子带来更重的心理负担。

爸妈不妨先对孩子敞开自己的心扉，与孩子坦诚相待。“倾听”也是拉近与孩子距离的好方法。给孩子自由表达的空间，鼓励他们说出自己的方法，尊重他们提出的意见。感受到了爸爸妈妈的真诚，孩子自然也愿意说出自己的“小心思”了。

3. 去外面的世界看看，让心胸更加开阔

“井底之蛙”的故事我们都不陌生，世界那么大，不妨带孩子出去走走，不要让孩子困在家中，做一只孤独的“井底之蛙”。旅行的意义，需要孩子自己去体会。爬高山，感受天空的辽阔；看草原，体会大地的宽广。呼吸新鲜空气，看美丽的景色，孩子早已忘记烦恼，心胸也会更加开阔。

第七章 让孩子学会主动伸出“友谊之手”

“他是不是讨厌我？”
——让孩子正确分辨他人的态度与情绪

都说孩子是祖国的花朵，色彩斑斓的小花苞就像是性格各异的小孩。有的热情开朗，像色彩艳丽的太阳花；有的安静温顺，像粉白色的满天星。有些内向的小朋友，在面对外部环境时，总会表现出害羞、迟疑的情绪，甚至比较敏感，一旦外部反馈不像预期的那么积极，孩子就会更加紧张甚至焦虑。再加之本身内向的性格，不愿意张口表达，更会产生一些不良的情绪。

不知道各位爸爸妈妈有没有注意过自己家孩子的一些小心思呢？您的小宝贝是不是经常会问“他是不是讨厌我”“我是不是惹他生气了”这样的问题？会不会因为爸爸妈妈的一个皱眉或一句话就哇哇大哭呢？爸妈面对这种情况一定很“崩溃”吧，您说也不是，不说也不是，孩子无法正确领会家长的意思，家长经常被弄得“一头两个大”。先让我们一起来看看下面这位爸爸遇到的问题吧。

【案例一】

毛毛的爸爸最近有点累，单位的施工进度有些延期，每天大量的工作加上领导的催促，让他难以招架。正赶上毛毛妈出差，回到家还要给孩子做饭、洗衣服等，好多家务活在等着他。并不擅长家务的爸爸在一通忙活后终于能歇息一下了，于是，他坐在沙发上玩着手机。在一旁玩耍的毛毛有些孤单，往常的饭后时光都是在一家人的欢声笑语中度过的，爸爸妈妈会陪着毛毛一起玩游戏、讲故事，或者看一集好看的动画片。可是今天妈妈不在家，爸爸也不说话。

“爸爸，我们一起来踢足球吧！”毛毛抱着自己心爱的小足球跑到爸爸身边问道。

“毛毛你自己去一边玩一会儿吧。”疲惫的爸爸连眼睛也不想抬一下，依然躺在沙发上。

“爸爸我不想一个人玩足球。”毛毛的声音有些迟疑了。

“唉呀，那你自己爱玩点什么就玩点什么吧，爸爸太困了。”也许是因为这几天太过劳累，爸爸没有注意到孩子的变化，甚至有一点不耐烦。

情绪低落的毛毛没有再说话，一个人跑到一边搭起了积木。可是过了一会儿，却传来了孩子小声啜泣的声音。刚有点困意，打算眯一会儿的爸爸听见了孩子的哭声，就有些生气了。他拉过孩子就大声地质问起来：“怎么了，好好的，你哭什么？男孩子要学会独立，自己玩一会儿就不高兴了吗！”听到爸爸这样的语气，毛毛更加害怕了，他什么都不敢说，从小声啜泣变成了哇哇大哭，边哭边喊着：“爸爸不要我了，爸爸不喜欢毛毛了。”毛毛的爸爸这才有些错愕，好好的孩子，没打他，也没有骂他，怎么就觉得爸爸不要他了呢。

为人父母者，总有那么多的辛苦，有时候难免疲惫，带有负面情绪，但是在面对孩子时，您还是应该注意控制自己的情绪，注意自己的表达方式，即使真的很疲惫，也一定要耐心地告诉孩子。小孩子的世界是单纯的、简单的，如果没有具体的指导，他们分辨不出大人的态度，或是不理解家长的情绪，家长可千万不要因为孩子的不理解就放弃与孩子沟通。

在孩子的眼里，爸爸妈妈不和自己玩耍，就代表着自己不被关爱了、不被喜爱了。就像上述案例一样，爸爸如果跟毛毛讲道理，告诉孩子爸爸的疲惫，也许孩子就理解了爸爸的行为，也就不会难过啜泣。如果爸爸在发现孩子哭泣时，及时了解情况，沟通情绪，给予孩子安全感，毛毛也就不会产生危机感，也就不会哇哇大哭了。各位家长还要注意，发生类似情况，仅仅平复孩子的情绪还不够，一定要问清楚，孩子不安全感的由来，及时安抚，耐心地疏导，以免带给孩子更深的创伤。

有些孩子因为先天的因素，性格可能敏感一些。他们会很容易感受到外界的情绪变化，有时候父母说话声音大了，就以为他们生气了。并且这种性格的孩子大都心思细腻，懂得察言观色，他们会很介意周围人对自己的评价，小朋友的一句话就可能打碎了自己的玻璃心。当然，每个人的性格不同，我们无法用好坏评价，敏感的性格也是一把双刃剑，许多艺术家、心理学家正是因为对世界敏锐的感知力，才能发现常人无法感知的情绪、哲理及美好的事物。另外，敏感的孩子又容易缺乏安全感，容易情绪化，并且内心脆弱无法接受失败或者批评。所以家长要把握适度的原则，多一些疏导，引导孩子如何分辨他人的情绪，理解与接受他人的态度。

【案例二】

臻臻、小冰和小涵三个小女孩，住在同一个小区，又在附近同一所小学读书，三人的家长因为上班繁忙，经常互相帮忙，一个家长一起送三个孩子上下学。这周，又赶上小冰的妈妈接三个孩子一起回家。三个小姑娘手牵手走在前面，叽叽喳喳有说有笑。但跟在后面的小冰妈妈，却看出了问题。比小冰和小涵低一级的臻臻，平时就是个内向的孩子，她虽然也跟着两个小姐姐笑闹，却很少参与话题、发表自己的观点。小冰妈妈没有上前询问，心想：“小姑娘嘛，难免有点小心思，也许是今天在学校不高兴了呢。”但是之后的几天，小冰妈妈却发现，臻臻依然如此，虽然和两个小姐姐交流，却很少加入大家的话题，情绪不怎么高涨，她只是默默地跟着走。

小冰妈妈赶紧将这个情况告诉了臻臻的家长，她担心孩子在学校受到了欺负。可臻臻妈妈却说，轮到她家接送时，孩子表现得很正常，跟妈妈有说有笑的。臻臻到底遇到什么问题了呢？

“我觉得姐姐们不喜欢我，我不敢跟她们说话。”经过耐心地询问，臻臻终于说出了原因。

“你为什么认为姐姐们不喜欢你呢？是她们对你说了什么吗？或者姐姐们对你发脾气了吗？”妈妈没有着急揣测孩子的心思，而是引导着孩子说出心里的“小疙瘩”。

“因为我总是没法加入姐姐们的谈话，她们二年级的事情我都不知道，而且我不说话的时候，她们也不理我。”臻臻越说越委屈，默默地低头流泪。

“宝贝，你想一想，你们每天一起回家，姐姐们是不是每次都会去班级门口等着你呀？”妈妈没有立刻反驳臻臻的观点，“你再想一想，姐姐们有没有故意针对你，不理你或者对你发脾气呀？”

“好像没有，可是我……可是她们都没有跟我解释过……”

“那么，同样的道理，你有跟姐姐们表达过你希望加入她们的话题，希望大家一起说一些都能谈论的话题吗？宝贝，有时候你需要大大咧咧一点、勇敢一点哦。也许一开始，姐姐们是说了一些你不知道的事情，但那不代表姐姐们是在孤立你呀。当她们发现你的沉默时，也许很担心你却又不敢问你。你误解了姐姐们的态度，又不敢说出你的心里话，时间久了，大家才有了距离呀。”

妈妈的一番耐心劝解让臻臻有了勇气，第二天，小姑娘主动跑去找姐姐们敞开了心扉。此刻，臻臻才知道，其实，小冰和小涵也很担心臻臻，看到她经常情绪低落不怎么说话，也不知道如何劝解，总是小心翼翼地与她相处。

父母处理这类问题时，若只秉承着“小孩子闹着玩，哪值得当真”这样的想法，并不能解释孩子心里的困惑，这样蒙混过关，只会让孩子越来越敏感、孤僻。臻臻妈妈在遇到女儿的“小忧郁”时，选择了提问式的引导。她没有以成人的世界观去揣测孩子的观点，也没有以家长的角度去看待另外两个孩子，而是通过几个问题，让孩子自己判断他人的情绪与态度，给孩子一个思考的过程。授人以鱼不如授人以渔，不干预孩子的思维过程，而从他们的思维方式与看待问题的角度着手，让孩子在今后的生活中学会判断情绪的方法。

正确的培养方法：避免敏感心理，培养孩子正确积极的思维方式

在生活中，我们会发现，敏感的孩子容易在乎他人的态度与看法，容易受外界环境的影响。虽然性格有先天因素，但父母在孩子成长过程中也应有意识地引导、培养孩子，以免性格太过敏感而难以接受自己的失败和他人的批评。当孩子问出“他是不是讨厌我”这样的话时，一定不要搪塞孩子，如果只是以简单的“想多了”“不要管那么多”来应付，反而会让孩子更加的疑虑、多心。家长们不如试着走进孩子的内心，了解孩子产生这种担忧的原因，慢慢地加以纠正，让孩子积极地为人处世和看待世界。

1. 拥有强大的内心，家庭的支持必不可少

没有人生来就内心强大，一出生就天不怕地不怕。强大的内心需要一个长期的心灵成长过程，给孩子一个稳定、温馨、快乐的成长环境，有助于培养他们积极、开朗的性格，让孩子能够直面困难，以乐观的态度看待问题。少一些敏感，不要太在意他人的眼光，做一个独立的人。所以家人永远是孩子们坚强的后盾，让孩子在快乐中长大，是父母给孩子最大的支持。

2. 从孩子的角度看问题，从父母的角度解决问题

就如我们前面所述，成年人有太多复杂的情绪，单纯的孩子们无法理解。同样地，孩子也会因为与同学的几句口角、朋友的几个鬼脸而产生烦恼。爸爸妈妈一定要有耐心，先站在孩子的角度去体会孩子的小麻烦，再以成年人的视角去引导孩子理智地看待他人的情绪与态度。

3. 倾听与交流，父母是孩子最信任的人

我们又该如何从孩子的角度去体会他们的小麻烦呢？那就是沟通。对待孩子，除了耐心，更多的是细心。不要以为孩子不说就是没有问题，有时候孩子的动作、表情更能体现他们的心理状态。当父母发现问题时，要及时地进行沟通与疏导，叫嚷与打骂只会让孩子与您更加疏远。尊重孩子，与孩子进行平等的对话，从小与孩子建立良好的交流关系，让孩子在各年龄段都愿意与爸爸妈妈交流自己的心思与想法。父母也会更容易及时掌握孩子的心理变化，并及时加以引导或疏导。

“请你周末来我家玩！”
——教孩子做个“小主人”

每个小朋友在成长过程中，总会有一两个小伙伴的身影，他们一起嬉笑打闹，互相陪伴一起长大。现在的孩子和爸爸妈妈的小时候不一样了，不再是一群孩子在院子里疯玩，非要到饭点被父母提着耳朵叫回家不可。也许您会说：“现在的社会怎么能放心让孩子自己在外面玩啊。”不能在外面玩，咱们就创造机会让孩子们在家里聚会呀。一起搭积木，做游戏，甚至家长们也加入进来，和孩子一起玩耍。让您的孩子多和同龄的孩子接触，这可是锻炼性格、发展社交能力的好机会。

即使是孩子们的小小聚会，家长们也应该认真对待；否则会带来相反的效果，让孩子从此畏惧社交活动，对客人产生抵触情绪。孩子作为家庭的一员，也应该有小主人意识。可以主动邀请小朋友来家里玩并且礼貌地对待来到家里的小客人，这都是很重要的社交技巧，父母可以有意识地培养孩子这方面的能力。让我们首先来看看下面这个案例，分析这个小朋友遇到的“小烦恼”。

【案例一】

这个周末小烈被妈妈早早地叫起来，爸爸告诉小烈，一会儿黄叔叔一家会带着儿子小涛来家里做客。听说是小涛要来，小烈的情绪顿时变得非常低落。他想起上一次来家里做客的小涛，摔坏了自己最心爱的变形金刚模型，小烈又生气又心疼，差点和小涛吵起来。可爸爸呢，为了礼貌，让小烈不要计较，接待客人要大方一点。知道今天又要见到小涛，小烈吃完早饭就跑回房间躲了起来。大人都忙着准备招待客人，谁都没有注意到小烈的反常。

直到黄叔叔一家人到来，爸爸才在角落里找到小烈。看着不懂事的儿子，妈妈着急了，拎着小烈出来给客人们打招呼。心不甘情不愿的小烈，小声地问了一句好，就一言不发地躲在了爸爸的身后。为了缓解尴尬，爸爸让小烈带着小涛去屋里玩玩具，碍于爸爸强势的眼神，小烈只好照办。可转眼间，小烈就自己玩起了电脑，把手足无措的小涛晾在一边。看到这样的儿子，小烈的爸妈可犯了难：平时懂事听话的儿子，今天怎么这么不懂礼貌了呢？明明是两个同龄的小男孩，却玩不到一起去，弄得两家的大人也非常尴尬。

小烈的父母不知道，正是因为儿子的“听话”造成了这次家庭聚会的尴尬。其实，事情在小涛第一次来家里做客，摔坏小烈的玩具开始就已经埋下了隐患。

在父母的眼里，儿子的玩具不是什么重要的东西，不如爸妈的面子、礼貌重要。殊不知，在孩子的世界里，玩具是儿童的天使，而摔坏玩具的小涛却成了“敌人”。并且第一次聚会后，父母没有给予小烈回馈，让孩子对这次聚会有了不好的印象。如果一家人坐在一起，讨论聚会的经验，批评小涛的做法或者给予孩子一定的补偿，让孩子明白家长在聚会中各种行为、表现的原因，小烈也就不会耿耿于怀了。

同时在第二次聚会中，父母没有事先告知小烈将会有访客到达，临时“被通知”的小烈没有“心理准备时间”，对这次聚会自然也会没有参与感。他会认为这是父母的聚会，与自己无关，不知道自己在聚会中应该扮演什么角色。更何况，突然到来的访客，是小烈记忆中有不良印象的客人，更会让小烈紧张、抗拒。屡次被动的听话，变成了孩子的负担，也变成了家长的尴尬。

一次小小的家庭聚会，却会带来这么多的问题，所以各位父母一定要有这样一个意识——孩子也是家庭的一员，尊重孩子的意见，让孩子参与到家庭生活中来，是十分重要且必要的。不要认为孩子小，什么都不懂，家长就可以随意安排孩子的日常生活。邀请小朋友到家里来玩，父母也希望自己的孩子是个“好主人”，希望孩子与他人互动时得体、大方、懂礼貌。那么，如何帮助孩子做个合格的“小主人”呢？我们且看下面这对父母的做法。

【案例二】

欢欢一直是个开朗的小男孩，他平时的朋友可多了，自己的同桌嘟嘟、楼上的小邻居敏敏和小艾，还有爸爸朋友家的儿子恺恺。几个小朋友平时玩得好，爸爸妈妈也很支持儿子和同龄的小伙伴多待在一起。这不，欢欢的生日快到了，爸爸妈妈商量着在家给儿子办一个生日聚会。

“欢欢，你的生日想怎么过呀？要不要和你的小伙伴一起度过呀？”晚饭后，妈妈问起了欢欢的想法。

“真的可以吗？妈妈，我想让小朋友都来我们家玩可以吗？我想介绍嘟嘟给敏敏和小艾认识，大家以后就都是好朋友啦！”

“当然可以呀，爸爸妈妈也支持你的想法，不如我们一起举办一个生日聚会吧。你可以邀请你的好朋友一起参加哟。”爸爸也加入了话题，鼓励儿子自己去邀请小伙伴参加。

“我自己邀请，真的可以吗……”

“没问题的，妈妈相信你可以。我可以帮你拨通小朋友家的电话，但你自己试着跟你的小伙伴说，可以吗?”

得到了妈妈的鼓励，欢欢也有了信心，当即与妈妈商议起即将邀请的“小客人”来。一家人坐在一起，成立了聚会筹办小组，一起商讨准备聚会的事宜。欢欢十分认真地加入讨论，并提出了自己的意见，他认真地回忆着自己的每个小伙伴喜欢吃的零食，嘱咐妈妈提前准备，又主动承担起和爸爸一起打扫客厅的任务。

到了聚会当天，欢欢表现得十分热情，认真地欢迎着每一位到访的“小客人”，脸上洋溢着快乐的笑容。这个生日，使欢欢特别难忘。

您看，若我们尊重孩子的想法，邀请孩子一起筹划聚会，参与整个过程，孩子非但没有添乱，还让事情变得格外的顺利。“害羞”“抵抗”“不礼貌”等现象全都不见了，取而代之的是“热情”“好客”“主动”与“得体”。这些行为的转变，源自孩子心态的转变。他从旁观者变成了参与者，承担一份小小的任务，就会有一份大大的责任，自然也就上心起来。此时再加上父母的引导、教育，让孩子从实践中自然而然地学会大方得体的待客之道。

正确的培养方法：全程参与，让孩子做个准备充分的“小主人”

都说“边学边问，才有学问”，生活中的大事小事皆为学问，所谓的寓教于乐，也正是希望孩子在生活里通过“玩”来学，通过“问”来成长。爱玩是孩子的天性，那么，索性把每次的聚会，作为一次“游戏”让孩子参与进来。如果是孩子的聚会，鼓励孩子自己邀请客人，孩子感受到了参与的乐趣，体验到了其中的欢乐，自然能够学会做一个得体的“小主人”。

家长可以按照以下几个原则进行教育：

1. 多给孩子一些准备时间，充分尊重孩子的意见

相信爸爸妈妈们都有过这样的经历，遇到突发事件，需要紧急应对时，心里没有个思想准备难免会有慌张、手足无措的时候，更何况我们的孩子呢。所以，如果有计划客人到访，最好提前告知孩子，或者让孩子来邀请客人，让孩子在心里有个缓冲的时间，同时有一份主人的意识。

或许您还遇到过这样的情况：客人到来时，想让孩子表演一段才艺或者与“小客人”分享玩具，可孩子扭扭捏捏就是不愿意，最后搞得孩子也委屈，家长也尴尬。这样的做法，其实是在伤害孩子的内心。因为我们这些突然的要求，就是在给孩子制造“紧急事件”。没有事先经过孩子的同意，不给孩子一个准备的时间，也是对孩子的不尊重。

如果家长有计划请孩子表演才艺，何不提前告知，征得许可并与孩子一起商量才艺的内容；如果预期当天会有其他小朋友，也应该提前告诉孩子，让孩子有机会收起自己珍视的玩具，提前准备好与小朋友的游戏，以避免孩子之间因为玩具发生不必要的冲突。

2. 邀请孩子一起筹划聚会，让孩子主动参与其中

鲁迅先生说“一碗酸辣汤，耳闻口述的，总不如亲自呷一口明白”。咱们都明白这个道理，不论什么事情，您得亲自经历才能体会。小孩子更是如此，本身理解力达不到的年纪，爸妈“说得多”不如让孩子多做一些。

大多数家庭的日常家庭聚会，都不会想到让孩子参与其中，往往是到聚会当天再告诉孩子。在这种情况下，孩子就是一个旁观者，对聚会没有任何参与感，只会被动听从父母安排，毫无“眼力见儿”。我们的建议是父母邀请孩子在计划伊始就加入进来，听听孩子有什么建议，或者您可以给孩子安排一些简单的小任务，比如打扫家庭环境，准备聚会食物，在聚会当天欢迎客人，这些事情都能给孩子带来使命感和责任感，让他们有一种被重视、被尊重的感觉，他们找到了自己的角色定位，也自然会在聚会的时候好好表现。

3. 事后记得及时进行反馈，给孩子一个总结机会

我们如何把孩子的体验转换成经验呢？这就需要父母及时给孩子“上课总结”了。我们所说的上课，可不是坐在桌子后面端端正正听讲的形式。您可以尝试在送走客人后，和孩子坐下来，全家人一起聊聊天，讨论这一天每个人的表现。

我们所要求孩子的“懂礼貌”是指与他人的交往行为中，可以做出合适、得体的应对。孩子的认知能力有限，看到学到的行为，自己无法辨别是非，而聚会之后的总结，就是非常好的机会，爸爸妈妈可以列举孩子在聚会中做过的每一件事情，表扬孩子好的行为，纠正不礼貌、不合适的行为。久而久之，孩子接受了聚会这样的活动，也学会了如何做一个懂礼貌、有分寸的“小客人”。

“我现在不想跟你玩！”
——孩子被朋友拒绝了怎么办？

在孩子成长的过程中，很多家长都会遇到这种困扰：孩子和别的小朋友玩耍时被拒绝，哭着跑到爸爸妈妈的怀里寻找安慰。当您遇到这种情况时，会如何应对呢？是立刻抱着孩子安慰，还是拉着孩子去找“罪魁祸首”算账？或是给予孩子物质上的满足？无论哪一种，您的心情一定是复杂纠结的吧，既心疼自己的孩子被冷落、被拒绝，又提醒自己不要去和小孩子计较。

但是您知道吗，孩子适当被拒绝是一件好事，您要是反应过度，可就有点“小题大做”了。我们都知道，这世界有那么多的遗憾，与其让孩子长大后才明白这世界的不完美、承受不了打击而消沉，不如在孩子小的时候遇到挫折时进行机会教育。既然我们不能保证孩子一生顺遂、远离失望，那何不教给他怎样直面痛苦、重新振奋呢？

我们先来看看下面这个小朋友的奶奶，她的做法就是典型的过度干预，把孩子都娇惯坏了。

【案例一】

晗晗今年五岁了，他从小由奶奶看大，和奶奶关系特别的好，平时最喜欢跟着奶奶出门。这不，今天天气好，奶奶又带着晗晗去公园玩耍。

公园里小朋友可多啦，正巧有晗晗认识的小勋和其他孩子一起堆沙子玩。看到好几天没见到的朋友，晗晗特别兴奋，拿起自己的小足球就奔过来了。可是兴致正浓的几个孩子谁都没有搭理晗晗，依然堆着城堡。有点失落的晗晗直接拉起小勋的手，邀请他一起去踢足球。

“我现在不想跟你玩。”小勋甩开晗晗的手，继续玩他的沙子去了。这下子，晗晗彻底被伤到自尊，他一头扎进奶奶怀里，哭得上气不接下气。看到孙子哭成这样，奶奶可心疼坏了，赶紧又是安慰又是哄：“晗晗不哭，没什么大不了的，奶奶带你去吃冰激凌，我们再也不找他玩了！”从那以后，每次见到小勋，晗晗都不愿再主动上前打招呼，看着小勋和其他孩子有说有笑，晗晗眼里满是羡慕，可一想到之前被拒绝的事情，便默默拉着奶奶走开了。

这位奶奶的做法可真是不可取：被拒绝的晗晗已经很伤自尊了，奶奶为了安慰孙子，做出了更过分的干预，结果把事情弄得更糟糕——直接切断了两个孩子的友谊。家长们都知道老人疼孩子，可是“疼”的方向错了，反倒会给孩子带来更大伤害。

在这样的情境下，家长们很容易犯的一个错误就是站在成年人的角度看待孩子的事情。孩子的思想单纯，做什么事都不会有恶意。来自孩子的拒绝，也只是单纯地不愿意，并非蓄意为之。案例中的小勋，他不想和晗晗踢足球，只是因为自己更想玩堆沙子游戏，与晗晗个人并无隔阂。所以当孩子遭到“拒绝”时，家长可一定要保持平常心，理智看待自己孩子的“遭遇”，不要因为大人的情绪而影响孩子的心态。就如看到孙子被人“欺负”的奶奶，她选择立刻上前安慰，反而更加使晗晗认为自己受到了“特别大的委屈”，再加上奶奶的一句“不和他们玩了”，使得事态无法挽回。

想必您的周围也一定有这样的人：对别人的拒绝非常反感，一旦遭到拒绝就会产生挫败感甚至嫉妒的情绪。他们人际关系糟糕，谁都不想与这样的人打交道。这样的人缺少坚强的内心和豁达的胸怀，容易钻牛角尖，钻死胡同，最后连亲人都觉得是负担。可人与人的相处，无论友情还是爱情，总是充满变数。如果遇到挫折、打击就消沉甚至放弃，将来也很难成功。所以“坦然接受拒绝”是一种良好的心理素质，适当让孩子体验被拒绝的感觉，加上及时的引导，孩子日后完全能够以平常心对待“被拒绝”，这样的教育对孩子的一生都有帮助。

【案例二】

前几日，妈妈带着6岁的诗诗去张阿姨家玩耍。张阿姨家的妮妮和诗诗年龄相仿，两个小姑娘一直是好朋友，经常黏在一起。

两个小姑娘一见面就亲得不行，妮妮立刻拉起诗诗钻进屋子里玩洋娃娃去了。两位妈妈乐得清闲，任两个孩子自己玩耍。

“我想骑你的木马，你给我玩一下好吗？”诗诗问妮妮。

“不给不给，你不是在玩我的娃娃嘛，我要骑木马。”妮妮紧紧抓着木马，没有想下来的意思。

“我就玩一小会儿，然后我们一起过家家吧。”诗诗也不想放弃，试图与妮妮协商。

“我不想过家家，就要玩木马，你自己去玩别的吧。”妮妮也毫不妥协，竟然把诗诗推出自己房间，砰的一声关上了门。

被关在门外的诗诗一下子愣住了，她抱着娃娃，眼里噙满了泪水。在客厅的妮妮妈妈闻声而来，看到被冷落的诗诗赶紧上前。看到“救星”的诗诗，立刻大哭起来，泣不成声地说：“张阿姨……我……我要骑木马。”自己孩子的表现让张阿姨又气又急，搂着诗诗就要敲门找妮妮理论一番。

一旁的妈妈却拦住了张阿姨敲门的动作，她拉过诗诗问道：“宝贝，你先告诉妈妈，你为什么想骑木马呀？”

“因为我想和妮妮一起玩，她把我关在门外，我进不去。”

“那你要不要先和妮妮一起吃点水果，再继续玩呀？说不定妮妮也累了呢，你自己去问妮妮好不好？”

这时听见门外声音的妮妮也拉开了门，诗诗主动走上前问：“妮妮，我们先休息一下，一起去吃水果好不好？”

“我不想玩木马了，你来玩吧，然后我们一起去吃水果。”

听到妮妮的话，诗诗破涕为笑，哪里还记得刚刚的不愉快，拉着妮妮进屋玩木马去了。

“妮妮，我就玩一会儿，然后你想玩什么我们一起玩吧。”

“好呀，妈妈给我买了好喝的果汁，我们一会儿去喝果汁吧。”

“嗯嗯……”

小小的“木马风波”，被诗诗妈妈的几句话就巧妙解决了。其实，诗诗并不是一定要骑木马，她在乎的是与妮妮的友谊。被关在门外的情境，伤到了诗诗的自尊，她不知道该如何继续与妮妮交流，只好找大人求助。如果按照张阿姨的做法，反而会给诗诗带来一种“妮妮做错了，我是被伤害的那一方，我好委屈”的暗示。妈妈的做法，成功地转移了诗诗的注意力，让她不要在乎被拒绝这件事，也不要认为“被拒绝”是对方的错误。

“既然对方不愿意，那我就去做别的好了”，如果能让孩子保持这样的心态，并让孩子懂得，每个人都有拒绝自己的权利，即使对方是自己的好朋友或者亲人，那么，未来的道路，孩子会走得更加坦然与坚强。

正确的培养方法：避免过度干预，偶尔做个“狠心”父母

人人都知道，“被拒绝”的滋味不好受；人人也都知道，“被拒绝”这件事无法避免。若孩子不在小时候体会“被拒绝”的滋味，如何在长大后面对这份“痛苦”呢？当孩子经历了这种历练，慢慢会明白，这样的“痛苦”只是人生很小的一部分，习惯就好了。也只有经历这些痛苦，才能蜕变，才能成为更加坚强的人。

爸爸妈妈如果因为心疼孩子而事事守护，怎么能让孩子独立，学会自己解决人际关系呢？所以偶尔狠下心来，放手让孩子成长，是很有必要的。当然，我们也并非要求家长完全放任不管，如何恰当、有效地安慰，给孩子一个积极的心态，还是需要一定方法的：

1. 帮助孩子释放感情，千万不可操之过急

孩子遭到拒绝时，可能会因为“难堪”和“委屈”而大哭。或许因为没面子，孩子不愿意张口说出自己的心事，不愿意承认自己被拒绝的事实。此时，家长可不要着急替孩子做主，去做一些安慰的行为或带着孩子找回“自尊”，而是应该给予他们足够的耐心，等孩子自己开口，再去安慰也不迟。

您可以试着问孩子一些开放性的问题，帮助孩子打开心扉。例如，孩子的要求被他人拒绝时，您不要说“孩子你一定很伤心吧，没关系，爸爸妈妈帮你去做。”而是应该问他：“你的要求没有达到，心里是怎么想的？”或者问他：“你的要求被拒绝了，你想怎么做呢？”这样的问题可以引起孩子的思考，引导他去解决问题，而不是沉浸于悲伤本身。

2. 表达对孩子的理解，站在孩子的视角对话

我们要求父母“狠心”一些，其实是希望各位家长给孩子一个恰当

的安慰，可以帮助孩子敞开心扉，激发孩子与父母的交流。

“说来说去，到底什么才是有效的安慰呢？小孩子真的懂那么多吗?”家长您可别着急，孩子有自己发现事物、看待世界的视角，您想真正理解孩子，就得站在孩子的视角与他们对话。“我知道你很在乎与小勋的友谊，他可能更想玩堆沙子，过一会儿再和你踢足球呢。”这样说，是不是就会比“无所谓孩子，小勋踢球不如你好，咱们不和他玩了”这样的安慰更加合适、更加有效呢？大多数小孩，在乎的是同伴之间的友谊，家长擅自给孩子们的关系下定论，反倒会雪上加霜。或许孩子有时候会说“你说的话都是在安慰我”，但是没关系，父母支持的态度已经让孩子好受很多了。

3. 适当的肯定与鼓励，教他自己解决问题

孩子“被拒绝”的原因有很多，可能是被小伙伴排挤，可能是某个目标没有达成，又或者是被他人否定。这些因素，都有可能让孩子产生对自我的怀疑：“我是不是不够好?”“我是不是被人讨厌了”等等消极的想法。

这也是我们要让孩子敞开心扉的原因。先给他们一些肯定，找回孩子的信心，不要沉湎于失败之中。您可以对孩子说：“爸爸妈妈知道你已经尽力了，我们都为你感到骄傲。”家庭的支持与鼓励，可以给孩子带来强大的安全感，也更容易驱散沮丧的心情。这时您再与孩子讨论问题，鼓励孩子直面失败，自己解决问题，孩子也更容易接受您的建议，就会达到事半功倍的效果。

“谢谢，我不吃！”
——交往时，让孩子合理表达自己的看法

咱们老话里常说“树大自然直”，意思是孩子的很多小毛病在成长过程中会自然地改掉，不需要过多地关注。可现在我却要告诉您：“小树能笔直地成长，修修剪剪是必不可少的。”类似于对性格的培养、行为习惯的养成，都需要家长从孩子小时候就有意识地教育、修正，为孩子的未来打一个良好的基础。

就拿语言表达能力来说，我们在生活中要是遇见个说话支支吾吾、逻辑不清晰、表达能力比较弱的人，也很头疼吧。与人交往时，谁不希望对方能够有礼有节、表述问题清楚明了呢？所以，我们孩子也应该从小培养这方面的能力，让他们在交往时，合理明确地表达自己的看法。

您可能要问了：“不就是聊天吗，咱们还能一句一句教孩子说话吗？”

其实，语言表达能力可不是“照葫芦画瓢”一句一句学来的，而是孩子的一种说话习惯。与人交往时，首先是愿意表达自己的诉求，其次是能合理表达自己的诉求，这些都是在交谈时要考虑的问题。孩子的表达能力和水平，常常被用来当作评价他们知识、修养和能力的重要标

尺，所以家长一定要重视起来。让我们一起来分析看看下面这个孩子的问题吧：

【案例一】

小水是个腼腆内向的孩子，平时在外也是听话、安静的好孩子。除非是在家中，才能放松、大胆地和爸爸妈妈说几句话。小水父母一直认为，女孩子在外安静一点是好事，她从不惹是生非，家长也安心。可是他们没有在意，孩子的“不说”其实是“不敢说”。

这不，前几天，小水跟着几个朋友一起去给同学花花过生日，去的时候还好好的，回来却肚子疼，还发起了烧。这可急坏了爸妈，连忙打电话询问对方父母，是不是给孩子吃坏了东西？经过沟通才知道，小水在花花家吃了一大块冰激凌蛋糕，还喝了很多冰可乐。因为小水胃不好，平日里妈妈都是严格控制她食用生冷食品。这孩子平时这么听话，怎么会在同学家吃坏了肚子呢？

小水自己解释说，因为花花妈妈热情地招待他们，亲自给每个同学都切了蛋糕，还准备了好多零食饮料，大家都在开心地吃，自己不好意思拒绝，也找不到时机说出自己的要求。她说：“花花家里有好多人，她妈妈给我分蛋糕，我不敢说……”

这场病的原因，竟然是孩子不敢开口表达引起的，做爸妈的该有多心疼啊！其实，出现类似这种问题的孩子不在少数，身体不舒服不敢跟老师讲，回家才与爸妈说；和小伙伴一起玩，都是跟着别人玩，不敢说出自己的喜好；去别人家做客，因为不好意思拒绝而撑坏了肚子。这种现象在心理学上被称为“失语行为”。

一方面，由于孩子先天内向的性格，他们处于陌生环境时会有紧张、尴尬的情绪，使得自己羞于开口表达；另一方面源于后天家庭的影响，家长过多的迁就和过度的照顾，让孩子不需要表达不满，以至于不会表达不满。这些原因共同作用，就会影响孩子的表达能力。“不敢表达”更多情况下是“不会表达”，不知道如何正确且合理地说出自己的看法，不知道如何在合适的时机说出自己的看法。

有些孩子给家长叙述时，会磕磕绊绊说不清楚，此时，您会不会因为着急而打断他们？又或许有些时候，孩子话没有说完，您就替孩子做出定论，直接结束了对话？如果您曾经有过这样的行为，可真的要好好检讨自己了，孩子表达不清，您也有很大责任。

孩子表述问题有自己的逻辑、思路，您只有完整地听他们说出来，才能理解孩子的全部想法。认真地倾听，对于孩子是一种鼓励。同时，良好的沟通氛围，可以让孩子更容易接纳父母的建议。这种良性的沟通，更能让父母发现孩子的问题并及时纠正。如果家长经常“断章取义”，孩子会有“说多错多”的担心，反而更加不愿意表达自己的想法。

情绪也是引发问题的导火索，父母与孩子交流时，也需注意控制自己的情绪。可不能因为孩子一句话说不对，您就“火冒三丈”了。激动的情绪下，家长的判断力和分析力也会下降。负面情绪给孩子带来恐惧，父母的怒气带来的压力会让孩子表面上屈从，但内心却留下抗拒的阴影，从此不愿与父母“交心”，进而害怕与人交往。

表达能力与逻辑思维能力，是需要通过日常的交往，与他人对话练习才能得到。如果父母从源头上切断了孩子愿意表达的习惯，优秀的表达能力也就无从达到了。

【案例二】

几个月前，表姐因为突然的工作调动需要去外地出差，临时将她的两个孩子托付给我照顾，7 岁的哥哥晨晨和 4 岁的妹妹慧慧。哥哥性格外向，很快和我熟络起来，妹妹年龄小加上害羞，总是默默地跟在哥哥后边不愿说话。

趁着周末，我带着两个孩子去了商场，想让孩子也放松放松。走到一半，孩子们发现了路边的冰激凌店，小眼睛一直盯着五颜六色的冰激凌球，一步也不愿意走了。我有心想考验一下两个孩子，并没有着急猜出他们的心思，打算先“盘问一番”。

“咦，你俩怎么不走了?”

“我……我们……那个……”也许是因为表姐管教严格，孩子不敢开口跟我要吃的。

这时，旁边的慧慧拉住哥哥，踮起脚尖跟哥哥悄悄地说了什么，两个小孩在我身边“咬起了耳朵”。我依然没有说话，并且停下脚步，打算给两个小家伙一点时间。

“小姨，我们想吃冰激凌可以吗?”犹豫了一会儿，晨晨终于说出了心里的想法。

“噢，原来是想吃冰激凌哪。我可以考虑，但是我想知道你为什么要吃冰激凌?”

“因为我妹妹爱吃，她刚刚告诉我，她想吃草莓味的冰激凌。而且我走累了，想要坐着休息一下。”

“那你最开始为什么没有直接告诉我呢?”

“因为妈妈说过，冰激凌要少吃，我不知道小姨会不会答应。”

听到这里我知道，晨晨经住了“考验”。他能够合理地表达自己的想法，不失礼貌且有理有据。对于自己的要求是否合理，也有主动的判断。慧慧虽然小，不敢与我表达，但是她能够清楚地跟哥哥说出自己的要求，并没有“耍赖”式的索求，在这个年纪她也做得不错。

想要孩子有这样的能力，还要归功于家长在平日对他们的训练。想吃的食物、想玩的玩具不是撒个娇、张张嘴就可以得到的，而是要说出理由。比如：“我喜欢冰激凌冰冰凉凉的味道，所以我想吃。”“我喜欢玩洋娃娃，因为可以和小朋友一起打扮它，所以我想去玩。”同样的道理，如果孩子不喜欢某样东西，不想做某件事情也不是闹一闹、跟爸妈哭一场就可以解决的。您也要引导孩子说出原因：“我现在吃饱了，所以我不想吃水果。”“因为外面太冷了，我不想出去跑步，我想在家看书。”虽然孩子的要求做父母的总会无条件答应，但是有这样一个“说出来”的过程，就能够对孩子的逻辑能力、语言表达能力有所提高。同时在这个过程中，父母也能够找出孩子表达不对、因果逻辑错误的地方，然后加以辅导，并使他们改正。

正确的培养方法：日常训练很重要，耐心交流有必要

从日常对话开始，从家庭生活开始，父母要有意识地训练孩子清晰表达的能力。说不清没关系，我们慢慢说；说不好没关系，我们重新说，家长的耐心、鼓励是孩子自信的源泉。

要给孩子树立原则意识，自己的原则谁也不能打破，不可以做的事情就要果断拒绝，不喜欢的东西就要勇敢说“不”。要让孩子明白，什么是合理的要求，什么是无理的索要。说出合理的要求，是正确的事情，应该被鼓励；提出无理的索要，也不能被粗暴地打压，也需要给孩子讲清楚，为什么不能做，为什么不可以。家长不溺爱，孩子不依赖，养成遇到问题主动沟通、积极解决的习惯，逐渐培养出良好的语言表达能力。

当孩子思考与做事情都能够有条理、有缘由，自然说话也能清楚、明白，与人交往时自然就可以合理表达自己的看法了。

1. 用游戏与故事拉近距离，培养孩子的表达能力

在孩子小的时候，父母做得最多的事情就是给孩子讲故事，或者陪孩子做游戏。这些日常的小事，正是训练孩子表达能力的好机会。给每个故事留下“小尾巴”，让孩子自己讲一个结局出来。在孩子思考的过程中，被动的故事变为主动思考的素材，故事里的逻辑也能更好地被他们理解，同时增加了孩子与父母的交流，通过孩子给出的结局，家长也会了解他们内心的想法。不要担心孩子们的创造力，有时候我们会发现，故事的结局会是那么出人意料，充满丰富的想象，单纯而又美好。

玩游戏的时间，也是亲子互动的好时机。不妨把游戏的形式、内容都交给孩子做。他们“指挥”游戏的过程，也正是合理表达自己想法的过程。甚至我们可以故意给孩子制造一点“小麻烦”，比如听不懂指令、不按规定动作完成等，引导孩子努力把话说明白，把意思表达清楚。

2. 让孩子把话说清楚，家长不要急

孩子都是爸妈手心里的宝，往往孩子有什么想法，一个眼神或几个词语家长立刻就能明白。这种默契固然珍贵，却让孩子少了锻炼的机会。在家中很多事情不需要张口，到了与他人交流时，就容易变成不会张口。

给孩子一个表达的机会，先把话说清楚，再把话说明白。询问孩子想法时，家长不要问“你是不是想吃香蕉?”而是用“你想吃什么，告诉我可以吗?”这样引导式的问法。在孩子回答问题时，家长可以先告诉孩子“不用着急，想好了再说”。总之，耐心是良好沟通的最重要原则。

3. 鼓励孩子与他人交流，实践是最好的老师

在陌生环境里，孩子难免会胆怯，会转身寻找家长的依靠。如果总有人给孩子稳定的依靠，他们永远不敢迈出勇敢的第一步。必要时，需要推孩子一把，让他在社会环境中也能合理表达。

可以先从简单的语境开始，孩子来说，家长给予提醒；再向难一些的语境发展，让孩子独立完成与他人的交流。比如下面这种情境：

爸爸带着昊昊去商店买玩具，昊昊这也喜欢，那也喜欢，看见什么都想买。于是爸爸与昊昊商量：“出门前已经约定好，只能买一件汽车模型回家，你现在如果还要买一件别的玩具，必须自己跟商店的阿姨说，爸爸可以在旁边帮你。”为了心爱的玩具，昊昊只能鼓起勇气，来到柜台前。

“你想想，请别人帮忙要怎么说呀？”爸爸在昊昊身后小声地提醒。

“阿姨，你好，可以帮我拿一件玩具吗？”

“得到许可之后，你可以说出你的想法了。”

“阿姨，你可以给我拿那只绿色的足球吗？”

“得到别人帮助之后要怎么样呢？”

“谢谢阿姨！”

经过自己的努力，昊昊得到了小足球，也勇敢地与陌生人完成了一次对话，爸爸真诚地表扬了昊昊。

孩子有时难免有些计划外的小要求，您随口答应下来，不如给孩子设置一些“小障碍”，让他们通过努力得到。帮助孩子接触陌生环境，并且在孩子完成任务后给予肯定，会增加他们的信心。“原来找营业员买东西这么简单呀！”“原来向服务员要一杯水这么轻松呀！”当孩子有了这样的想法，再鼓励他们走入社会，与他人交往也就更加容易了。

“你笑话我，我打你！”
——用语言表达比用行为更值得鼓励

都说“君子动口不动手”，能用说的尽量不上手。可孩子们不一定有“君子的觉悟”，有时候着急起来，就会忍不住“动手不动口”。不同年龄段，孩子打人的行为是需要区别对待的。三岁以前的孩子打人，往往出于试探，这个年龄段的孩子语言表达能力不强，需要用肢体动作来表达。常常是和别人打招呼，或引起别人的注意，会用“打”来表示。这时，您不必紧张，对于孩子的动作也不要刻意阻止，而是通过“打”来揣测孩子的意图。当孩子逐渐长大，有了一定的社会活动，也会出现打打闹闹的情况。往往是几个孩子凑在一起疯玩，释放天性，肢体冲突也是在所难免。就像小动物在一起，也喜欢互相拉扯嬉闹，只要不逾矩，家长也不需要大惊小怪。

凡事都讲究一个“度”，若孩子在懂事以后，有了语言表达能力，还总是以暴力解决问题。只要有不合心意的地方，就动手打人，此时就需要家长好好反思一下了：是不是您的教育出了问题？

【案例一】

王老师放学后叫来了聪聪和南南的家长，因为两个孩子在学校打架了。原因很简单，聪聪笑话南南的橡皮是个小兔子形状，像小女孩用的，南南不高兴就动手打了聪聪。聪聪被打了不服气，立刻扑上去，两人扭打在了一起。直到老师把两个孩子分开，聪聪和南南还是互相瞪眼，谁都不服输的样子。

被叫来的大人们都有点羞愧，赶紧跟着老师去办公室领孩子。两个小孩显然是被老师教育过了，蔫头耷脑在墙根罚站，一个嘴唇在扭打中被牙齿磕破了，一个眉毛上挂着道隐隐的血印子。看到孩子“挂彩”，两位家长赶紧上前查看，生怕孩子落下个毛病。

“事情的经过我已经向您二位交代清楚了，咱们做家长的回去好好教育孩子，怎么能一言不合就动手呢？今天的事情，让两个孩子互相道个歉，就把孩子领回家吧。”王老师说。但接下来的事情却出乎所有人意料，两个家长竟然吵起来了：

“王老师，我们南南动手打人是不对，但不是他家孩子先笑话南南的吗？道歉也得是他们先道歉吧。”

“南南爸爸，瞧您这话说的。打人本身就有问题，您孩子打人在先，还有理了？”

“那谁让你家聪聪先笑话人的，孩子心里不高兴，必然要发泄一下吗，又没有打疼，还不是你家孩子又扑上来，才让事情严重。”

“嚯，您要是这样教育孩子，真是太可怕了。我们孩子凭什么吃亏啊，小孩子开玩笑的话您也当真。”

……

在一旁的王老师惊讶极了：一个小小的问题，这两个孩子的家长怎么吵起来了。按照这样的模式教育下去，孩子以后能好吗？

这两位家长，实在是太“糊涂”了。与人交往，无论什么情况，动手打人肯定是不对的。家长如果不能给孩子最明确、最基本的原则，孩子不会意识到问题的严重性。“我虽然打人了，但是我有理。”这样的想法一旦形成，孩子会越来越没有约束，直至日后酿成大错。

另一位家长“不能吃亏”的理论也并不妥当。现在的社会复杂多变，我们确实需要教育孩子懂得保护自己，但这保护的手段可不是以武力反击。父母一味地袒护，小心孩子从“不能吃亏”变成“睚眦必报”，以致性格偏激，心胸狭隘，今后很难与人融洽相处。

孩子的性格养成，与原生家庭的氛围、父母的日常行为习惯有直接联系。脾气急躁的人，遇事容易冲动，解决问题往往使用较激烈的手段。作为父母，这样的行为也会给孩子带来影响。夫妻之间的矛盾激化，存在暴力现象，孩子就有可能模仿。遇到孩子出了问题，习惯使用打、骂等强制手段解决，这会让孩子学会暴力解决问题。这些强烈的负面情绪，都会给孩子带来难以磨灭的心理阴影。另外，缺少家庭温暖，缺少父母关爱的孩子，安全感丧失，性格容易发展成两个极端，其中一种孩子就是富于攻击性，习惯于用武力保护自己。

让孩子形成一个温和、开朗的性格，父母的关爱必不可少。孩子遇到问题，及时帮助解决问题，疏导内心的情绪，别让孩子把“气”堵在心里。若孩子已经出现一些不当行为，要在孩子有暴力行为时立刻制止，必要时通过一定“惩罚措施”让孩子明白自己行为的严重后果。下面这位爸爸做得就不错：

【案例二】

快要到中午吃饭的时间，妈妈招呼程程帮忙布置饭桌。正巧程程的小表弟在家做客，看到各种餐具，3 岁的小男孩当作是新奇的游戏，也要加入其中。程程正端着一摞汤碗从厨房走向客厅，表弟看到，欢快地飞奔过去，要抢姐姐手里的汤碗。

“这么危险的物品，小孩子不可以乱动。”程程心中有数，并不答应弟弟的要求。可小表弟哪里肯放弃，抱着姐姐的胳膊拉扯个不停。劝说无果的程程也着急了，一拳捶在弟弟身上，小孩子被推得直接坐到了地上。在一旁的爸爸被这突如其来的状况吓坏了，赶忙扶起小表弟，并转身呵斥程程。

“你怎么能打人呢？快扶起弟弟，给他道歉！”

“他影响我的工作，并且他的动作太危险了，我要制止他。爸爸你为什么训我。”

“事情可以用语言解决，你打人的行为是很不应该的。”爸爸依然在强调不可以打人的原则。可心里委屈的程程，什么话都听不进去，一个人在旁边哇哇大哭。没办法，爸爸只好把程程带到卧室，先让她冷静下来。

等程程终于止住哭声，爸爸才又回到房间，与孩子沟通。

“程程，爸爸知道你是个做事有分寸的孩子。你知道碗筷危险，不让弟弟靠近，这一点做得特别好，爸爸首先要表扬你。”

“爸爸你知道我这么做的原因，为什么刚刚还要批评我？”

“但是你的做法是错误的。你有许多别的办法制止弟弟调皮，但是绝对不能选择这么激烈的方式，因为它会造成严重的后果。”爸爸拉着程程的手，耐心地解释道。

“我知道你当时是着急了，但这就是问题的关键。遇到事情，着急是不能解决问题的，激动的情绪也会影响你的判断，让你做出着急的行为。如果今天弟弟不是坐到地上，而是磕到头怎么办？如果你没有抓稳，激烈的动作下，自己打碎了碗怎么办？这些问题都可能因为你的不当行为而发生。要记住，语言沟通永远是解决问题的首要方式。”

听了爸爸的话，程程也意识到自己行为的不妥，主动给弟弟道了歉，大家又能坐到一起，愉快地享用午餐了。

程爸爸在这场“小风波”中，及时合适的处理，给各位家长做了个好的示范。首先是在矛盾发生时，控制事态，没有让当事双方的孩子继续纠缠；其次是明确态度，“不可以动手”这一原则不能改变，并且在孩子情绪激动时，强制把程程带离状况，让孩子尽快冷静；最后，程爸爸耐心地给孩子解释了不当行为可能会引发的后果，帮助孩子理解了事情的严重性。

没有哪个孩子生来就是“小魔鬼”，孩子性格、脾气很大程度上受父母影响。日常生活中家长要注意约束自己的行为，不要“以暴制暴”，记得控制好自己的脾气，可别给孩子做负面的“表率”。

正确的培养方法：父母做好表率，别让孩子有样学样

孩子在儿童时期，模仿行为非常普遍。他们经常从电视剧、动画片中，找到自己喜欢的角色，模仿人物的说话方式、动作行为。或是身边常接触的老师、同学，都可能成为他们的模仿对象，而孩子身边最亲近的父母，更是他们首要的学习、模仿对象，这也是我们要求各位家长做好表率的原因：孩子在是非观念不成熟时，非常容易受父母的行为影响。

家长在平时的教育中应该注意以下几个方面：

1. 注意说话内容，减少对孩子的暗示

交谈时不经意的话语，也会被孩子听进心里。比如孩子摔倒磕在椅子上了，您可能会安慰说“椅子真坏，磕到宝宝了，我们来打它，打它宝宝就不疼了”，或者管教孩子时会说“你再这样我就揍你”。这些语言对孩子都是一种暗示，让孩子产生暴力可以解决问题的认知。

2. 教孩子学会控制情绪

儿童的自控能力有限，有什么情绪都会立刻表现出来。大哭或是大笑，都是孩子表达自己的方式。包括遇到问题时，容易生气、着急，控制不住自己的情绪。

孩子情绪激动时，您可以用温柔的语气提醒他们：“没关系，慢慢来”“不着急，别生气，我们一起来想办法”，帮助孩子控制自己的情绪。时间久了，孩子在激动时也会想起家长的嘱咐，主动控制自己的情绪，也就更能避免偏激的行为了。

3. 明确原则，无论何时语言比行为更值得鼓励

有时正是因为家长的心软，在某些问题上前后原则不一致，没有养成说一不二且遵守规则的意识，才会出现孩子“屡教不改”的情况。家长和孩子都需要明白，无论什么原因引起的矛盾，用语言解决比用暴力行为更值得鼓励。

4. 及时帮孩子解决问题，不要留下“心病”

孩子可能无法理解，为什么即使对方有错在先，也不能成为他打人的借口。在情绪激动时，还容易感到委屈、不甘心，这需要父母的疏导与教育。要给孩子讲清楚暴力行为的后果，让孩子记住这个性质严肃的问题，如果无法对自己的行为负责，从一开始就要控制自己的情绪。